数据中国“百校工程”项目系列教材
数据科学与大数据技术专业系列规划教材

准职业人导向训练教程

职业能力与职业素质提升

瑞翼教育教学管理团队　编著

浙江科学技术出版社

图书在版编目（CIP）数据

准职业人导向训练教程．二，职业能力与职业素质提升/瑞翼教育教学管理团队编著．—杭州：浙江科学技术出版社，2019．8

数据科学与大数据技术专业系列规划教材

ISBN 978-7-5341-8757-5

Ⅰ．①准… Ⅱ．①瑞… Ⅲ．①职业道德—教材 Ⅳ．①B822．9

中国版本图书馆 CIP 数据核字（2019）第 169423 号

内容提要

准职业人导向训练教程本着以塑造学生核心竞争力为原则，着眼于学生职业能力的培养。教程从学生的素质现状与教育本质出发，遵循学生职业素质养成的基本规律，以行动为导向，以任务为载体设计教学内容。本书是其中的第二本，是第一本的延续和深化。

本书涵盖团队协作、团队沟通、目标管理、习惯培养、压力管理、逻辑思维、精准表达和解决问题等8种能力提升的内容。这8种能力构成的能力体系是对传统专业技能培养体系的完善和重要补充。书中涉及的案例、调研项目、情景体验等内容都与专业对应的岗位紧密相关，都是围绕实现“职业素质+ 专业能力”的人才培养目标而选取的，能给予学生正确的引导。

本书可作为校企合作大数据相关专业的职业素质教材，也可供职场人士阅读使用。

丛 书 名　数据科学与大数据技术专业系列规划教材
书　　名　准职业人导向训练教程（二）　职业能力与职业素质提升
编　　著　瑞翼教育教学管理团队

出版发行　浙江科学技术出版社
杭州市体育场路 347 号　邮政编码：310006
办公室电话：0571－85176593
销售部电话：0571－85176040
网　址：www. zkpress. com
E-mail：zkpress@zkpress. com
排　　版　杭州大漠照排印刷有限公司
印　　刷　浙江新华数码印务有限公司
经　　销　全国各地新华书店

开　　本　787×1092　1/16　　印　张　9. 25
字　　数　192 000
版　　次　2019 年 8 月第 1 版　　印　次　2019 年 8 月第 1 次印刷
书　　号　ISBN 978-7-5341-8757-5　　定　价　32. 00 元

责任编辑　张祝娟　　文字编辑　方　晴　　责任校对　顾旻波
责任美编　金　晖　　责任印务　崔文红

本册编写人员

策　　划　刘　波

主　　编　刘　波

副 主 编　陈柏荘　王超群　李　莉　高向楠　周亚聪

编　　审　刘　波　赵云霞

教学资源　刘　波　陈柏荘　高向楠　李　莉　王超群　周亚聪

（以上排名不分先后）

前言

自1999年高校扩招开始，我国接受高等教育的人数大幅攀升，至2018年，我国当年高校毕业生人数已达820万人。随着毕业生人数的增多及企业对录用毕业生的标准越来越高，大学生就业的竞争压力日益激烈。据用人企业反映，传统教育过于注重理论，导致大学生动手能力弱，职业素质达不到企业要求。此外，大学生对就业的行业及岗位不了解，适应能力差，职业心态不成熟等，也造成了大学生的职业稳定性很差。大学生面临的就业问题越来越复杂。

近年来，各大高校为了提升学生的综合素质，不断探索新思路，相继开设了“职业规划”及“创新创业”等课程。然而，这些课程在实施过程中依然存在一些问题：其一，“职业规划”课程没有从根本上以提升学生的职业竞争力为目标而设计课程体系；其二，“创新创业”缺乏有实践经验的教师，指导性不强；其三，不管是指导创业，还是指导就业，都没有足够的实践环节和企业资源作为支撑。

为提升大学生的综合素质，我们本着以培养“准职业人”为目标，根据企业对员工职业能力的需求开设“职业素质培养”课程；通过校企合作，聘请有实战经验的企业高管担任职业导师；构建多样化的企业资源，作为学生职业规划实践环节的强有力支撑。通过系统的准职业人导向训练，培养学生良好的“职业人”意识，使得他们在此后求职和工作中赢在起跑线上。

职业素质的培养是一个长期的过程，“准职业人”的培养需要在校4年的不断学习、不断深化、不断完善，同时也需要与专业相互融合、相互促进。我们按照如下3个阶段逐步训练学员的职业素质。

1. S1～S2阶段——基础能力认知与培养阶段，培养学生的基础职业素养。

2. S3～S4阶段——职业能力与素质提升阶段，培养学生的“职业人”意识，逐步塑造核心竞争力。

3. S5～S6阶段——创新思辨与求职指导阶段，引导学生树立创新意识和正确的职业观。

3个阶段的培养相辅相成，最终达到提高学生综合素质的目的。

本着以塑造学生核心竞争力为原则，着眼于职业能力的培养，我们编写了准职业人导向训练教程（共3册，建议分6个学期开设），本教材从学生的素质现状与教育本质出发，遵循学生职业素质养成的基本规律，以行动为导向，以任务为载体设计教学内容。本书是其中的第二册，是第一册的延续和深化，建议在大二两个学期开设。

本书有以下几个特点。

1. 结合专业实际。本书从校企合作、产教融合的角度出发设计具体教学内容。在开发之初，我们对大数据相关企业的用人需求和技术要求进行了调研，搜集了大量的企业招聘信息，并对重点企业进行实地接触和深入访谈，全面掌握了企业的用人标准。然后结合企业中大数据相关专业岗位对人才的素质要求，规划设计了本书的内容结构。

2. 真实的引导案例。书中很多案例都源于现阶段大学生真实的学习生活，能给予学生正确的引导。

3. 以核心能力培养为主导。综合素质的培养涉及面很广，不同的岗位会有不同的人员素质要求，幻想单凭某一个方面的能力就胜任某项工作是不太现实的。所以，本书的内容不是仅仅涉及某一种素质能力，而是讲解了由多种核心能力构成的能力体系，并且强调以解决实际问题为基础，以核心能力培养为目标，要求学生学以致用，不断固化职业行为。

4. 增加“翻转课堂”的训练方式。能力的提升需要不断的实践，所以我们在部分章节的最后设置“翻转课堂”训练，在有限的授课时间内，将理论讲解与训练融合到一起，让学生提升每一种能力并且将它们灵活运用到实际的学习和生活中。

本书共分八章。由刘波设计了“准职业人”的培养方案，制定了教材的编写大纲，并编写了本书的前言、第三章、第四章和第八章；由高向楠编写了第一章；由陈柏荘编写了第二章；由周亚聪编写了第五章；由李莉编写了第六章；由王超群编写了第七章。

教材的编写，离不开各方面的支持。对支持我们的院校、企业，特别是中科特瑞科技有限公司表示深深的感谢！在本书编写的过程中，我们查阅了大量书籍及优秀的案例，在此也向参考文献的作者们表示感谢！

由于时间仓促，书中难免存在不足之处，敬请读者朋友们批评指正，以便今后修订完善。

编者

2019 年 4 月

目 录

第一章 项目团队的规范与管理

本章重点

◎团队精神的作用
◎团队成员间的优势互补
◎团队的规范与管理

本章难点

◎如何管理自己
◎建立团队制度
◎团队激励措施
◎如何规范与管理项目团队

团队是由人组成的，管理团队就是管人，而人心是最不可把握而又是最奇妙的，所以产生了很多的团队管理方法。在大学生的团队管理中，没有实际经验就从理论著作中生搬硬套地把管理方法应用到团队管理中，或者是向另外比较成熟、管理较好的学生团队学习，然后照搬其管理方案，但其结果往往不理想。究其原因归根到底是团队不同，人之间的差异较大，管理方式也会不同。生搬硬套是解决不了问题的，必须分清类别，找出差异，择优使用才能真正有益于团队。团队管理已经发展了很长时间，形成了很多方法。当代大学生，无论今后是作为团队的普通成员，还是管理者，都有必要去学习一些目前认可度较高的团队管理方法，以便我们在今后的工作中找到适合自己的团队，更好地融入团队，提升自己团队的力量。

本章立足于实际的项目团队，讲解团队管理的一些方法，帮助大家去认识团队精神在团队中的重要性与作用，掌握基础的团队管理与培养的方法。

第一节　团队精神的重要性

团队精神区别于表象的技巧和方法，是从内在塑造的。团队精神是大局意识、协作精神和服务精神的集中体现，核心是协同合作，反映的是个体利益和整体利益的统一，并进而保证组织的高效率运转。

团队精神的形成并不要求团队成员牺牲自我，相反，彰显个性、表现特长更能保证团队成员共同完成任务目标，而明确的协作意愿和协作方式则可以产生真正的内心动力。团队精神是组织文化的一部分，良好的管理可以通过合适的组织形态将每个人安排至合适的岗位，充分发挥集体的潜能。如果没有正确的管理方式，没有良好的奉献精神，就不会有团队精神。容易与团队精神混淆的是集体主义意识，它们之间有着微妙的区别：团队精神比集体主义更强调个人的主动性，而集体主义意识则强调共性大于强调个性。

一、团队精神建设的重要性

1. 团队精神能推动团队的运作和发展

在团队精神的作用下，团队成员产生了互相关心、互相帮助的交互行为，显示出关心团队的主人翁责任感，并努力自觉地维护团队的集体荣誉，以团队的整体声誉为重来约束自己的行为，从而使团队精神成为自身全面发展的动力。

2. 团队精神能培养团队成员之间的亲和力

一个具有团队精神的团队，能使每个成员显示出高涨的士气，有利于激发成员工作的主动性，由此形成集体意识、共同的价值观等，促使团队成员自愿地将自己的聪明才智贡献给团队，同时也使自己得到更全面的发展。

3. 团队精神有利于提高组织的整体效能

发扬团队精神、加强团队建设能进一步减少内耗。如果总是把时间花在怎样界定责任、应该找谁处理上，就会损伤团队的凝聚力。

二、团队精神的作用

1. 目标导向功能

团队精神使团队成员齐心协力，拧成一股绳，朝着一个目标努力。对每个团队成员来说，团队要达到的目标就是自己所努力的方向。团队整体的目标可顺势分解成各个小目标，在每个团队成员身上得到落实。

2. 凝聚功能

任何组织群体都需要一种凝聚力。传统的团队管理方法是自上而下地传达指令，淡化了个人感情和心理等方面的需求。而团队精神则通过对群体意识的培养，通过团队成员在长期的实践中形成的习惯、信仰、动机、兴趣等文化心理，来沟通人们的思想，引导人们产生共同的使命感、归属感和认同感，反过来逐渐强化团队精神，产生一种强大的凝聚力。全体成员的向心力、凝聚力是从松散的个人集中走向团队最重要的标志。在这里，有着一个共同的目标并鼓励所有成员为之而奋斗固然是重要的，但是，向心力、凝聚力来自团队成员自觉的内心动力，来自共同的价值观。很难想象在没有展示自我机会的团队里能形成真正的向心力；同样也很难想象，在没有明了的协作意愿和协作方式下能形成真正的凝聚力。那么，确保没有信任危机就成为团队管理的关键所在，而对团队损害最大的莫过于团队成员对组织丧失信任。

3. 激励功能

团队精神要靠团队成员自觉地要求进步，力争向团队中最优秀的成员看齐来体现。团队成员之间正常的竞争具有激励功能，而且这种激励往往不单纯停留在物质层面上，还有精神层面上的，如得到团队的认可，获得团队中其他成员的尊敬等。

4. 控制功能

团队成员的个体行为需要控制，群体行为也需要协调。团队精神所产生的控制功能，是通过团队内部所形成的一种观念的力量、氛围的影响，去约束、规范、控制团队成员的个体行为。这种控制不是自上而下的硬性强制力量，而是由硬性控制向软性控制内化；由控制团队成员行为，转向控制团队成员的意识；由控制团队成员的短期行为，转向对其价值观和长期目标的控制。因此，这种控制更为持久、更有意义，而且容易深入人心。

第二节　团队管理

对团队的研究与探讨，不外乎团队组建、团队管理等。打造一个成功团队，需要持续关注的就是团队管理。团队管理是指在一个组织中，依成员工作性质、能力组成各种小组，参与组织各项决定和解决问题等事务，以提高组织能力和达成目标。

一、目标管理是首要的

在大学计算机课程中，有很多课程需要上机操作。在这些课程中，老师往往为了保证学生能够完成要求的题目，会制订一个规则，例如：完成题目的就可以提前下课，没有完成的必须等到下课铃响了才可以走。结果往往是：最后走的学生并不一定是学习不好的学生，反而其中大部分都是很勤奋的学生。

为什么会出现这样的结果？虽然大家都在做同样的事情，但是，每个人的目标是不一致的，一部分人的目标是完成老师布置的题目，另一部分人的目标则是获取更多的知识。其目标不一致，导致其动力也会不一样。在团队管理中，不同角色的成员的目标也是不一致的。项目主管直接面向客户，需要按照承诺，保质保量地按时完成项目目标。项目成员可能有打工者心态：我干一天你要支付我一天的工资，加班就要给奖金。由于地位和看问题的角度不同，团队中不同角色的目标和期望值自然就会存在很大的差别。

所以在团队管理中，目标管理是首要的。一个真正的高效率团队，自上而下的目标应该是一致的。能把团队所有人的目标树立一致了，也就把目标管理做好了。

二、学会管理自己

不管我们是团队的管理者还是团队的成员，在团队中，首先要做好自己，把自己的优秀体现在团队的工作中，这样我们在团队中才能体现自己的价值，让大家对我们认可。所以在团队管理中，我们首先要做的是做好自己，对管理者来说更是如此，一个管不好自己的人是没有资格管别人的。李嘉诚说过，自我管理是管理者的首要责任。明确责任与担当是实现自我管理的基础，如果团队中的每个人都能做好自己应该完成的任务，自己的职责自己去尽力完成，那么，小成就会形成大成就，那就是团队的大成功。

自我管理是一个长期的过程。要想把自我管理做好，需要持之以恒的学习和尝试。一个人的成长过程就是一个自我管理的过程，需要学习的东西很多，比如我们学习过的时间管理、情绪管理、目标管理等，都是自我管理的一部分。所以要想把自我管理做好，最实际的办法就是不断学习，不断汲取新的知识和经验并加以应用。

三、责任与担当

曾经与一位成功创业的老板聊天，谈到家庭和公司，他说他的太太前一段时间跟他闹矛盾，说他每天在公司工作到夜里十一二点，每次回到家里女儿都睡着了，心里只有公司，忽略了家庭。他之后跟太太说："我知道我没有做到一个丈夫和爸爸的责任，但是你考虑一下，公司有一百多位员工，他们每个人都有自己的家庭，他们都是家里的顶梁柱，也就意味着我在背负一百多个家庭的责任，相对于我们这个小家，我更需要对他们负责，所以，我要把公司做好。"听完这段话，我忽然就明白了大多数领导者的痛，不是他们喜欢加班、熬夜，而是他们身上背负的责任让他们必须如此！

如果每个人都能在自己的生活中、岗位上担当好自己的责任，那么集体和社会就会像一部制作精良的机器，每一个零件都有条不紊地工作，每一个齿轮都契合得恰到好处。

所以在团队管理中，每个团队成员都应该承担自身的责任，敢于担当。这些都是职业素养的体现。

四、做好搭配分工

团队成员之间的取长补短能弥补整体的不足，因此让合适的人做合适的事是团队建设和管理的必要条件之一，所以团队的每位成员间都要尽个人所长让团队发扬光大。雁阵也蕴涵了这个道理：雁群成员会挑选一只最强壮的大雁担任头雁，掌控方向，带领所有的大雁飞翔。然后挑选另外两只强壮的大雁断后，让他们照顾在中间飞行的年幼的、体弱的大雁，爱护、关怀、鼓舞每一只大雁，防止它们掉队。这样的安排既保证了雁群的飞行效率，又保护了新生力量。

案例

一次，联想运动队和惠普运动队进行攀岩比赛。惠普队强调的是齐心协力，注意安全，共同完成任务。联想队在一旁，没有做太多的士气鼓动，而是一直在合计着什么。比赛开始了，惠普队在攀岩过程中碰到几处险情，尽管大家齐心协力，排除了险情，完成了任务，但因时间过长，最后输给了联想队。那么联想队在比赛前合计什么呢？原来他们把队员个人的优势和劣势进行了精心组合：安排在最前面的是一位动作机灵的小个子队员，其后是一位高个子队员，女士和身体庞大的队员放在中间，殿后的当然是具有独立攀岩实力的队员。于是，他们几乎没有遇到险情就迅速完成了任务。

【分析】案例表明：团队成员间的优势互补能弥补个人的不足，共同完成目标任务的保证就在于发挥每个人的特长并注重流程，使之产生协同效应。

科学研究发现，人类有400种优势。我们不仅要了解自己的优势，更重要的是应该知道每个团队成员的优势是什么，之后要做的就是将团队的协作建立在成员们的优势之上，搭配成最有力的组合，使团队的力量达到最强！

五、建立规范的制度

每个团队的管理模式都不同，但是要规范和驱动团队成员前进，必须有共同遵守的制度。有效的制度是团队生存和作战的保障。没有了制度保障，团队就是一盘散沙，各自为政，失去凝聚力，也不会具备战斗力。详细的制度明确了团队努力的方向，也保障了大家的共同利益不受侵犯，可以约束每位成员的行为。其实这不是对成员自由的限制或剥夺，相反，只有在这样的制度保证之下，每一位成员才能拥有真正属于自己的自由，才会不受到别人的侵犯，才能全身心地投入工作之中，不动其他心思。制度其实是对成员最严厉的爱！带一个团队，领导总会在某个时间段里徘徊于制度和人情之间，因为相处久了会有感情，有时不忍心按制度来办事。其实根本不用纠结，制度就是法，一切以制度为准，这样就不会不公正，从而保证整个团队管理的公开、公平、公正。例如，华为公司为了管理规范化，破天荒地出了个“基本法”。

六、制订合理的激励机制

激励是一种常见的团队管理手段。在成熟的项目团队中，项目组长可以在有限的权限范围内采取一些激励的方式，使团队成员时刻保持工作激情，实现团队的目标。常见的正面激励方式有如下几种。

1. 现金

现金激励是最常用的一种激励方式。如何使用这一激励方式呢？答案就是项目奖金。当大家成长起来，能独立承接项目时，项目内部就会有一定的经费来源。一般来说，项目奖金都由团队自由支配。我们可以在团队内部达成一致，项目奖金作为团队的奖金池，用来奖励团队内的优秀成员，也可以作为团队的活动经费，这就是使用了现金激励方式。即使数额较小，这种方式也会取得较好的效果。

2. 赋权

项目团队内分为成员和组长，组长承担着更大的职责，这样我们便可以利用一些权力来达到激励的目的。例如，组长不在的时候，可以指定某人代理负责某项工作，或者在工作中指定某位团队成员负责某项具体的事项，用这样小小的权力去满足部分愿意承担责任的成员的心理。

3. 挑战

大数据专业的学生应学会挑战自我，以便将来能独立承担开发任务。当客户把计划中的某个功能描述得责任重大、技术难度很高的时候，一般都会有开发人员愿意接受这个挑战，但是需要注意对这个挑战的描述方式。

4. 认可

团队成员特别是新成员，能够得到其他成员特别是老成员的认可是非常重要的。任何人在自己的工作受到认可的时候，都会觉得心里特别舒坦。项目组长可以毫不吝啬溢美之词，实事求是地认可团队成员的工作，甚至可以罗列团队成员的工作业绩去为他争取一些奖励。

5. 成就感

认可是别人给予的，成就感是自我感知的。那么如何让团队成员拥有成就感？可以在项目进程中设置节点里程碑，在达到某个节点里程碑的时候，可以小小地庆祝一番，或者争取一些公开表彰的机会，让团队成员觉得自己的工作是有价值的。

只有激发起团队成员的动力，团队的目标才能快速地达成，团队也才能够有条件把超额的部分拿出来分享给团队成员，最终实现多赢的局面。

七、建立良好的沟通机制

在团队里，有效沟通非常重要。团队协作中涉及的问题比较广，沟通的方式也很多。沟通本身最重要的是，放下自己的看法，以解决问题为前提，这样才能做到有效沟通，即人们常说的“在工作中，沟通是对事不对人的”。沟通要双向，站在对方的角度上考虑问题，而不是仅仅从自身角度来看问题。真诚地为对方着想，就是想把事做好，而不是为了其他目的。所以沟通时要多听、少说，做到多提醒、多建议，少带个人成见和情绪，这样沟通才会有成效，沟通起来才舒服。同时在沟通时也能发现一些问题，以便改进自己在工作中的一些方式、方法及策略。团队一定要建立合理的机制，让大家乐于沟通，而不是相互指责，推诿责任。这样的团体才能上下齐心，高效地解决问题。

第三节　翻转课堂
——“瑞翼工坊”项目团队的规范与管理

本节具体结合案例，再次讨论团队培育的方法。

一、“瑞翼工坊”整体介绍

大数据专业学生中，一部分学生学习能力较强，除了正常完成课程之外，还希望利用在校时间多学习专业知识。针对这一情况，结合校企合作的特点，瑞翼教育教学管理团队成立了“瑞翼工坊”，充分结合企业和学校师资，针对性地开展一些技能提升课堂和实践认知活动。

“瑞翼工坊”采取“对话式教学”，除以学生为主导来完成学生对学生的课程传授外，还根据学生对学习内容的侧重，将其课堂学习内容与“瑞翼工坊”技能实践结合，让每一位学生参与到大学生项目申报实践中来。这不仅可以锻炼学生的技能，还可以充分发挥校企合作的特色，让学生学习的同时可以成为一个标准的职业人进行项目实习，以此营造浓厚的专业学习氛围，提升大数据专业学生的整体技能。

“瑞翼工坊”的人员招募可根据老师的多少、年级层次、班级多少、学生多少等确定招收人数，采用个人意愿、成绩排名、能力调查、推荐等一种或多种方法组合的方式招募成员。

二、“瑞翼工坊”中的项目团队

为了让“瑞翼工坊”的成员有针对性地学习，瑞翼教育教学管理团队把“瑞翼工坊”内的所有成员分成不同的项目组，每个小组由一个老师负责指导。在项目组成立之初，学生在指导老师的带领下以自主学习为主，如实行准职业人企业化管理，每周一召开“瑞翼工坊”周例会。在会议中，项目团队成员可相互探讨项目所需技能和进展状态，有利于提高学习效率。项目团队之间也可以阶段性分享学习成果，促进整体提升。在“瑞翼工坊”的所有成员有了一定成长之后，指导老师可结合实际情况安排小型项目实践，或者申报大学生各类实践项目，以此在实践中锻炼、提升团队能力。有的团队中成员年级分布比较广，可能包含大一、大二、大三的学生，这时可采用高年级带动低年级的方式开展活动，这样更能促进年级之间的联系，更有层次地提升相应年级的技能水平，同时也能锻炼核心成员在团队中的领导能力。

三、“瑞翼工坊”中的项目团队分工

在项目团队组建完成之后，一定要对团队成员进行明确分工。这里的分工包括小组学习方向、内容、时限等，只有明确了这些内容，团队成员才会清晰地知道自己要做些什么。在明确这些内容的同时，必须挑选出整个团队以及各小组的负责人，协助团队管理，督促团队成员学习，便于指导老师掌控整体情况。最后，设计任务分工表格以便管理，如表 1-1。

表 1-1　“瑞翼工坊”××项目小组任务分工

小组名称	小组任务	人员名单	职务	项目第一阶段任务明细（包含时间）	项目第二阶段任务明细（包含时间）	项目第三阶段任务明细（包含时间）
App 小组						
校园大数据小组						

当然，团队的分工方式有很多，上面的形式只是其中的一种，我们一定要找到适合自己团队的分工，以便最大限度地锻炼每位团队成员。这需要团队所有成员去摸索。

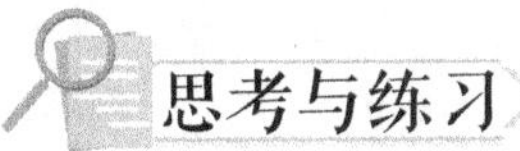

思考与练习

根据自己项目团队的特点和方向，集体讨论并做出适合自己团队的具体分工安排。

四、 建立制度规范

项目团队的制度和规范应该是让所有人员共同参与建立的，只有大家共同建立和认可，才能培养出共同的价值观。“瑞翼工坊”App 项目小组规章制度如图 1－1 所示。

“瑞翼工坊”App 项目小组规章制度

为了规范项目组的日常工作，共同建立健康的学习环境，让项目各个环节更紧凑、更可控，提升大家的学习效率，现针对 App 项目小组的所有人制订如下规章制度，望各位严加遵守。

（1）由项目组长负责整个项目团队的协调和指挥。

（2）每周开展一次项目小组交流会议，不能按时参加者需提前向组长请假并向指导老师报备。

（3）团队成员必须按照指导老师规定的时间准时参加学习。

（4）无故缺席学习或会议 3 次以上的成员，将被取消项目团队成员的资格。

（5）项目团队所有人员必须承担起分享知识的责任，帮助整个项目团队共同进步。

（6）本制度由下发之日起执行。

图 1－1 “瑞翼工坊”App 项目小组规章制度

在一个团队中除建立必要的制度、规范以外，还需要告诉团队成员“干什么”和“不干什么”，将责权和成员的工作任务紧密结合。

思考与练习

为了规范项目团队的管理，确保项目成员高效地开展工作，请团队成员根据各自项目团队的实际情况制订出属于你们团队的规章制度，并严格遵守。

五、团队激励

激励是团队管理过程中不可或缺的环节和活动。有效的激励可以成为团队发展的动力保证。在日常的团队管理过程中，我们可以采取一些激励的手段，去激发和鼓励团队成员的努力与付出，实现团队目标。“瑞翼工坊”的激励机制如图 1－2 所示。

为了更大程度地促进所有参与同学的积极性，提高大家的学习热情，促进团队的共同进步，现对以下情况予以激励。

（1）在“瑞翼工坊”中首个完成任务的项目团队给予加 1 分。

（2）在“瑞翼工坊”中积极分享学习心得的项目团队给予加 1 分。

（3）在“瑞翼工坊”中被指导老师评定为“优秀团队”的给予加 1 分。

（4）在“瑞翼工坊”中积极参与各种比赛并获得名次的项目团队，视情况给予 1～5 分。

（5）在每学期末对所有同学的分数进行排名，取前 10 位予以奖励。

图 1－2 “瑞翼工坊”的激励机制

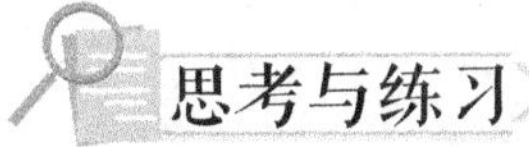
思考与练习

各团队结合所在项目的实际情况，制订出相应的激励制度。

六、团队沟通

在项目组内部，日常的沟通尤为主要。项目组长需要与项目成员之间良好沟通，以便于安排工作并了解最新的任务进展情况。这样做有两个好处：一是项目组长能更为全面地了解整个群体中开发力量与项目任务的配合度；二是可以及时知道任务进展中存在的问题和潜在风险。项目开发中常用的团队沟通形式有以下几个。

(1) 工作上的沟通。如定期的技术交流座谈会、邮件沟通、文档沟通等。团队成员可通过这些沟通方式及时提出意见和建议，促进工作任务目标的实现。

(2) 感情上的沟通。如组织拓展训练、团体娱乐活动或生日会等，让团队成员进行感情上的沟通。

加强有效的沟通，不但可以使项目进行得更顺利，而且可以提高团队成员的归属感、责任感，让他们积极主动地完成团队的使命。

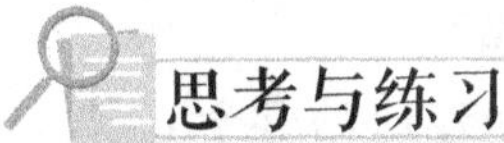
思考与练习

假如你是“瑞翼工坊”中某个项目团队的组长，你的项目团队成员总觉得这个项目组的氛围不好，沟通不足。你希望能够通过自己的努力来改善这一状况，因此你要求项目团队成员无论如何每周都必须按时参加例会并发言，可是不久之后，团队成员就开始抱怨例会目的不明、时间太长、效率太低、缺乏效果等，而且由于在例会中意见相左，很多组员开始相互争吵，甚至影响到人际关系。为此，你也很苦恼。现在请你与你的项目团队成员一起商量，如何解决这个问题。

要求：

1. 根据项目团队实际情况确定一个适合你们团队的沟通方式（可以是工作例会、项目研讨会、邮件、周报、文档汇报等）。

2. 制定并落实沟通制度。

本章小结

1. 团队管理关乎每个成员，不仅仅是管理者，所以我们要学习认知团队管理的技巧和方法。

2. 团队管理中我们首先应做好自己，把握目标后才能实施。

3. 不是所有的管理方法都适用，要根据团队现状具体分析与运用。

4. 明确团队精神建设是团队管理的重中之重。

请在下面写下自己的学习和训练体会，以帮助自己进一步提高。

____

____

____

____

____

本章习题

1. 请列出目前你所在班级或部门的管理问题。

2. 对于所列出的问题，你该如何运用团队管理方法进行处理？

3. 假如你是一家企业的部门负责人，张某、刘某、李某是你部门的骨干，他们都负责部门的某一岗位的事情。有一天，他们过来向你提出离职，理由为：(1) 工资太低，长期不涨工资。(2) 工作单一，学不到东西，没有成长，缺少发展希望。(3) 另外有家公司请他们过去，待遇很好。作为管理人员你会怎么处理这件事情？（公司高层明确要求不能随意加工资）

第二章 团队沟通

本章重点

◎理解团队沟通的意义
◎掌握团队沟通的形式
◎学会运用团队沟通的方法

本章难点

◎学会进行会议沟通
◎学会进行邮件沟通
◎学会进行文档沟通
◎学会进行电话沟通

据统计，在工作和生活中，70%的错误都是由不善于沟通造成的。在我们的日常生活中，一个人只有与他人进行准确、及时的沟通，才能建立起牢固的、长久的人际关系。

在不久的将来，我们可能成为一名工程师，而在面对实际的项目时，我们需要了解客户的需求，需要进行调研、访谈、召开会议，这些都离不开有效的沟通。在项目开发中，项目组成员之间的沟通，直接影响着工作效率。

本章将介绍4种团队沟通的方式，包括会议沟通、邮件沟通、文档沟通和电话沟通，我们需要学会在不同的情况下使用不同的团队沟通方法。

第一节　团队沟通的意义

良好的团队沟通是构建成功团队的关键。成员间应该充分交流，既民主又集中，这样的团队沟通才有意义，才能对团队决策有更大的帮助。

一、团队沟通的含义

（一）团队沟通的定义

团队沟通是指按照一定的目的，由两个或两个以上的成员组成的团队中发生的所有形式的沟通。顺应团队这一组织结构的诞生，团队沟通应运而生，团队中各种行为的成败，在很大程度上都取决于团队成员之间有效的沟通与协作。

（二）团队沟通的构成要素

在团队沟通中，有可能一个成员扮演着几个角色，也有可能几个成员扮演着同一个角色。各成员所扮演的角色不是一成不变的，会随着不同的沟通效果和沟通目的而产生变化。例如，在班委会议上，学习委员就学校的某项团队活动组织大家讨论。如果他认为这项活动意义非凡，就会积极参与并且鼓励其他团队成员也积极参与，这时学习委员就扮演了积极的角色。如果学习委员认为这项活动并不会有非常大的效应，他就会消极对待这项活动，这时学习委员就扮演了消极的角色。

1. 积极的角色

领导者——为团队确定目标任务并激励下属完成目标的成员。领导者对团队成员的激励会使团队成员产生积极的工作效应。

协调员——协调团队活动、整合团队成员的不同思想或建议，并能减轻团队工作压力，解决团队内沟通分歧的成员。协调员在团队沟通中起着至关重要的作用。

激励者——为团队沟通和团队工作保持团队凝聚力的成员。

追随者——团队中按团队要求实施团队计划的成员。追随者是构成一个团队的基本组成部分，是团队工作和计划的执行者。

2. 消极的角色

置身事外者——把自己放在团队之外，对团队活动和团队目标并不关注。

得过且过者——对团队目标的实施缺乏积极性和主观想法，安于现状，不为团队做出改变。

敷衍了事者——对团队活动和团队工作消极应对的成员，办事马马虎虎，只求应付过去就算完事。

情绪消极者——由于个人的消极情绪影响团队工作的成员。这类成员往往会在工作中带入愤怒等消极情绪从而影响团队工作。

案例

某公司研发部工程师小张，在公司工作了一年却一直得不到领导重用。一天，小张对同事小李说："我已经工作一年了，领导一直都看不到我的存在价值，我要离开这个公司了！"小李说："我挺理解你现在的心情的，要是我，我也会有马上离开的想法。不过，我觉得现在还不是最好的时机。"小张问："为什么？"小李回答道："如果你现在离开，公司的损失不大，你应该趁着现在在公司的机会，拼命为自己多做一些项目，成为公司独当一面的人物，然后再离开公司，公司才会受到较大的损失。"小张觉得小李说得很在理，于是努力工作，日夜加班拼命做项目，经过半年多的努力，小张所做的项目有了很大的突破，受到了公司领导的重视。后来小李就对小张说："现在是最好的时机了，要跳槽赶紧行动呀！"小张淡然地笑了笑，说："老总跟我长谈过了，准备升我做总经理助理，我暂时没有离开的打算了。"其实这也正是小李的初衷，通过激将法激励小张努力工作，找到自己的定位，淡忘刚开始的愤怒。

【分析】在这个案例中，同事小李在团队沟通中扮演了协调员和激励者的角色，先是缓解小张的愤怒情绪，然后通过激将法来激励小张将愤怒化为行动，化为业绩，最终成功打消了小张要离开公司的想法。

工程师小张最初扮演着情绪消极者的角色，由于个人的工作没有得到重视导致产生了离开公司的想法，经过同事的激励，他找到新的目标和新的定位，最终成功得到领导的重视，并且不再有离开公司的想法，这时小张从消极的角色转变为积极的角色，成为团队的一名追随者。

二、团队沟通的意义

在管理过程中，无论是安排工作、化解冲突，还是进行计划控制，都需要良好且有效的沟通。只有进行有效的沟通，才能打造出高效率的团队。

（1）团队的有效沟通可以促进团队成员间的相互了解。

团队的有效沟通可以使上情下达、下情上传，促进成员彼此间的了解。无论是日常生活还是工作，人们思想和感情的相互沟通都是一种必要的心理需要，沟通可以解除人们内心的紧张和怨恨，使人们感到精神舒畅。互相沟通中双方可以产生共鸣和同情，也可以增进彼此的了解，改善相互之间的关系。

案例

研发部张经理发现部门的李灏近段时间总是愁眉苦脸，工作很不开心。一天张经理针对李灏负责的项目进行约谈。谈完项目之后，张经理对李灏说："李灏，你这段时间是不是遇到了什么难题或者不愉快的事情了？"李灏惊讶于张经理的细致观察，也对张经理多了几分感动和敬重。李灏对张经理说："前段时间家里发生了不愉快的事情，所以情绪受到一些影响。"张经理听后安慰了李灏，并且给予了鼓励。事后李灏对待部门的工作更加认真，对张经理也更加敬重。

（2）团队的有效沟通可以增强团队凝聚力和创造力。

团队凝聚力是指团队的成员为了实现团队的利益和目标，相互协作、尽心尽力甚至全力以赴的工作意愿和作风，它包括团队的凝聚力、合作意识及士气等。领导者要以身作则，做一个团队凝聚力极强的榜样，这样既可以促进领导者改进管理，又可以激励团队成员的工作热情和接受管理的积极性，使之提高信心，增强主人翁责任感，积极主动地为团队的发展献计献策，从而增强团队内部的凝聚力和创造力，使团队工作更有成效。

课堂小游戏：魔方

游戏目的：发挥团队创意，增强团队精神，让团队成员一起活动起来，积极加入到有效解决问题的游戏中来。

游戏操作流程如下。

① 在地板上画出一个正方形，老师根据各小组人数的多少估算出一个能够完成此游戏的面积最小的正方形。

② 每个小组的任务是：让尽可能多的人进入这个正方形里面，所有进入的人不能碰到正方形的边缘。

③ 每个小组只允许尝试一次，因此在尝试之前，必须先做好小组沟通和讨论。

④ 哪个小组进入正方形里面的人数最多，哪个小组获胜。

游戏讨论与分享。

① 每个小组的主意是怎样产生的？中间出现的冲突和争议，小组是怎样解决的？

② 在此次活动中，怎么看待自己小组的团队凝聚力和创造力？

③ 要是再给一次机会，自己的小组最多有多少人可以进入正方形里面？

（3）团队的有效沟通可以提高团队决策水平，保障团队目标顺利实现。

成立团队并且开始运作的目的在于实现团队承载的共同目标，而实现目标的关键在于团队成员之间的交流和相互理解。如果是一个人单独工作，就没有交流的必要；如果团队目标要通过大家的分工合作才能完成，那么团队成员之间的相互交流和相互信任就不可或缺了。

案例

某公司研发部需要完成一项功能设计，因涉及多个模块，需要多个团队一起配合，因此研发部针对这件事组织了一次会议，先是进行了每个团队的任务安排，确定每个团队针对这项功能设计需要的时间。由于每个团队的工作方式不同，在会议上产生了不少的争论和讨论，但是经过各团队的互相协调，最终确定出了一套新的设计方案，大大缩短了完成设计的时间。经过这次合作，各团队之间相互了解更多，合作起来更加方便了。

一个团队只有通过有效的沟通才能成为一个有机的整体。通过沟通，每位团队成员才能清楚地了解自己和别人的工作目标、位置，才能够更好地联系与互动，从而为自己负责的工作作出贡献。

第二节　团队沟通的方式

从目的上讲，团队沟通是共同磋商的意思，即团队成员们必须交换和适应相互的思维模式，直到每个人都能对所讨论的意见有一个共同的认识。为了达成团队的目标和共识，团队沟通可以有多种沟通方式，并且可以不局限于其中一种，将多种沟通方式组合使用。

一、会议沟通

会议沟通是群体或组织中相互交流意见的一种常见的群体活动形式。会议沟通是团队沟通的重要方式。一般情况下，每个团队为了实现一定目标，都会定期举行会议沟通。会议沟通的时间一般比较长，常用于解决团队或群体中一些较重大、较复杂的问题。

（一）会议沟通的目的

1. 交流信息

会议沟通能使团队信息互通，成员相互了解，每个成员能从团队其他成员处及时得到反馈并获得其他方面的有关信息。

2. 给予指导

对新入职的员工，公司一般都会尽快将其组织起来进行岗前培训，目的是让新员工更快地了解企业文化和企业精神，认识企业的管理和规章制度，更加明确自己的工作职责。

3. 解决问题

会议沟通可以帮助澄清团队协作中的种种误会，也可以帮助团队成员解决工作进程中的难题。

4. 做出决策

会议沟通可以达成共识，提供共同参与和共同讨论的机会，帮助领导者做出有效的决策。

（二）会议沟通的类型

会议沟通根据不同的目的及不同的效果，可以分为以下几种类型。

1. 特定主题的讨论型会议沟通

讨论型会议沟通是为了让团队所有成员都有发表自己想法和意见的机会，但在每次的讨论会议之前要设定好特定的主题。例如，近日班委准备开展一次针对目前班级学习氛围不佳、学习积极性下降的情况而进行的特定主题的班委会议。

2. 传达信息的传达型会议沟通

传达型会议沟通必须在会议前做好充分的会议内容准备，把握传达内容所需要贯彻的主要精神和思想。例如，辅导员通知同学们周日晚上开展一次安全教育的传达会议。

3. 处理重点工作和检查计划的例行会议沟通

这种会议沟通必须突出会议重点，同时要检查团队计划的完成情况，强调团队计划的严肃性。例如，学院通知月底将进行学生宿舍卫生大检查，班委针对此项检查任务而开展的班委会议。

（三） 会议沟通的规范和构成

1. 会前准备

俗话说“好的开始是成功的一半”，做好会前准备工作对会议沟通的成功开展有着重要的影响。会前准备的要求主要包括表 2－1 所示的几个方面。

表 2－1 会前准备的要求

内容	要求
拟定会议议题	科学合理、有针对性
确定参会人员	出席会议人数要有精确的统计
确定会议时间	力求科学，避免耗时费财，确保主要人员基本到会
确定会议议程	简明概略，列出发言或讨论的先后顺序（会议议程示例见表 2－2）
准备会议文件	议程表、日程表、发言稿、资料等
确定会议主持人	不同的会议有不同的需求
确定会议场所	内部场所、外部场所
制发会议通知	书面、口头、电话、电子邮件、广电媒体等

表 2-2　××会议议程

序号	议程	负责人（主讲人）	时间分配	备注
1	签到	组织部	9:00—9:10	
2	宣读会议流程	主持人	9:10—9:20	
3	主席致辞	主席	9:20—10:00	
4	颁奖时间	主持人	10:00—10:30	
5	其他事项	主持人	10:30—10:40	
6	散会	主持人	10:40	

2. 会议过程控制

从整体的会议组织看，对会议过程的掌握关键在于会前的准备工作达到什么程度。也就是说，真要等到在会议过程中全靠主持人来维持会议秩序的话，这场会议必定是一场失败的会议。若会前的准备工作没有做好，会议过程就很难控制。会中控制只能作为让会议更完美的手段，起到锦上添花的作用。会议过程的控制主要包括以下几个方面。

（1）宣布会议的主题和目的。

（2）根据会议议程提出议题，征求有关参会者的意见。

（3）给予每个人阐述观点的机会，主持人可以使用“不允许跑题”“聆听每个人的发言”“每个人的发言不能超过 5 分钟”等类似的规定让参会者积极阐述自己的观点。

（4）控制讨论进程，会上出现不同的见解时，主持人应该根据自己的理解将各种观点加以概括。

（5）遵守预定时间。一般情况下参会者都不喜欢会议拖延。

（6）在每个问题或议题讨论结束后，主持人概括主要观点，总结会议讨论取得的结果。

（7）在会议结束时应该重新回顾一下目标、达成的共识和成果。

（8）确定下次会议议题和时间。

3. 会后工作

会后工作是会议沟通必不可少的组成部分，包括以下几个方面。

（1）会议记录。会议记录应该准确无误，避免出现主观意识，会后及时打印并校对会议记录。

（2）下发会议记录或会议简报。

常见的会议记录如表 2-3 所示。

表 2-3　常见的会议记录

会议地点	
主持人	
会议时间	
记录人	
参会人员	
会议主题	
会议内容	

二、 邮件沟通

电子邮件（E-mail）是一种非常重要的沟通方式，除了可以用于亲朋好友之间的通信之外，更多的是用于职场沟通。随着团队工作量与工作强度的加大，团队负责人没有太多时间面对面地听取工作汇报，作为工作场合的业务沟通方式，邮件沟通提供了很多的便利。

1. 邮件沟通的目的

（1）团队成员之间事务往来，留下书面资料。

（2）实现远距离的重要信息传递和工作安排。

（3）帮助实现知识推荐和信息传递。

（4）可以实现团队成员之间和各项目之间的互相配合。

邮件沟通具备可靠的追溯功能，也可以重复阅读，便于形成文件档案，往来的信件可以成为沟通的依据。

2. 邮件沟通的规范和构成

邮件的内容及要求如表 2-4 所示，邮件正文的组成如表 2-5 所示。

表 2-4　邮件的内容及要求

内容	要求
邮件主题	不宜过长，描述主旨大意
收件人和抄送人	收件人应对收到的邮件予以回复响应
邮件正文	称呼、正文内容、结束语、附件和邮件签字档
电子邮件的回复	可在原邮件上进行回复，保持沟通的线索和持续性；重要的邮件尽量不要选择在周五或长假前发给对方

表 2－5　邮件正文的组成

邮件正文的内容	注意事项
称呼	恰当地称呼收件者，既显得礼貌，也明确提醒收件人此邮件是面向他的，要求其给出必要的回应
正文内容	如果是写给不认识的人或不经常联系的领导，第一段最好加上一个简单的自我介绍
	邮件的具体内容，分为 1、2、3……项进行描述和说明
	如果有附件，需要对附件内容进行简要说明，3 个以上的附件内容最好打包压缩发送
	如果出现日期与时间，一定要具体说明，形成确定性时间
	避免拼写错误和错别字，合理提示重要信息
	注意邮件沟通的语气，措辞婉转、礼貌
结束语	若需要对方及时回复和确认的事件，在结束语时可适当重申，表示正在期待或等待回复和审批
附件	邮件内容的补充，甚至是一封邮件的重要内容所在；为了方便收件人的阅读和下载。建议将附件的内容直接复制、粘贴在邮件正文里面
邮件签字档	签字档可包括姓名、职务、公司、电话、传真、地址等信息，但信息不宜行数过多，一般不超过 5 行，示例如图 2－1 所示

××××××××××××××××有限公司　　人力资源部　×××
地址：哈尔滨道里区埃德蒙顿路××号
手机号码：186××××××××
电话号码：0451－××××××××
邮件地址：tyjt××××@163. com

图 2－1　邮件签字档示例

三、文档沟通

1. 文档沟通的形式

每一个项目组或者每个团队都有适合自己的管理方式，有一些项目组为了规避项目风险，还会要求使用一些文档作为沟通的手段。如要求每位项目组成员，每天下班前提交日报，每周提交周报，每月提交月报，用来及时汇报项目进度。

文档汇报的重要作用是预知项目进度风险，能够帮助团队成员理解他们每天的工作任务；当有突发事件时，能及时调整，保证进度，有效地控制整个项目的进展过程。

下面以日报为例，进行说明。

< To：接收者

< From：发送者

<部门/项目：所属项目组名称

<问题与风险：当日完成任务中遇到的问题和问题可能引发的风险

<变更：当日是否按照既定计划执行。如果不是，需要详细说明理由和计划变更后的内容

<明日计划：次日需要完成的工作任务

<意见和建议：对项目的意见和建议

很多时候日报都被纳入日常的工作内容，每天结束工作前填写，由每个小组的组长进行汇总，最后交给项目总负责人或者老师。

日报示例如图 2－2 所示。

<table>
<tr><td colspan="2">日报</td></tr>
<tr><td>To：张三
From：李四</td><td>部门/项目：研发部
日期：2018 年 6 月 6 日</td></tr>
<tr><td colspan="2">1. 问题与风险
如何实现 Excel 导入</td></tr>
<tr><td colspan="2">2. 变更
无</td></tr>
<tr><td colspan="2">3. 完成的工作
（1）实现数据的单个录入、修改、删除和排序
（2）实现数据上报和审核</td></tr>
<tr><td colspan="2">4. 明日计划
（1）数据汇总
（2）数据分析</td></tr>
<tr><td colspan="2">5. 意见和建议
无</td></tr>
</table>

图 2－2　日报示例

2. 写日报的注意事项

（1）明确日报的提交日期，并确保在规定时间内提交。

（2）填写当日完成的任务和进度情况。

（3）填写当日完成任务过程中遇到的问题及如何解决的；若有无法解决的问题，需详细说明，并告知需要哪些方面的协助。

（4）制订的明日计划要详细。

3. 翻转课堂——日报管理规范

在我们项目开发阶段，日报管理以团队为单位，组长和组员之间明确责任，相互监督，以保证项目的进展。

（1）组长的职责。

① 负责督促组员按时填写日报。

② 负责对当日工作任务的执行情况进行总结。

③ 负责明日工作计划的安排。

④ 负责汇总并分享当日解决的问题和遗留的问题。

⑤ 负责对遗留问题找到合适的解决方法和途径。

⑥ 负责将汇总情况提交给老师或者项目负责人。

（2）组员的职责。

① 按时填写并提交日报。

② 如实填写日报的各项内容。

以上训练也可以以班级为单位进行，要求每个小组成员在当日课程结束之前提交日报给组长，组长负责整理，将结果及相关数据汇总给老师审核。老师根据各小组提交的日报情况进行评价或打分，作为平时成绩的组成部分。

四、电话沟通

现代社会，各种高科技的手段拉近了人与人之间的距离，即使远隔天涯，也可以通过现代通信技术近若比邻。事实上，我们在日常的沟通活动中，使用最多的工具就是电话。因此，电话沟通成为团队沟通的一种普遍使用方式。

1. 宜采用电话沟通的情境

（1）团队成员彼此之间的办公距离较远，虽然问题比较简单但需要马上处理时。

（2）团队成员彼此之间的距离很远，很难或无法当面沟通时。

（3）团队成员彼此之间已经采用了邮件沟通的方式但问题尚未得到处理或解决时。

2. 电话沟通的注意事项

（1）端正的姿态与清晰明朗的声音。打电话过程中不能吸烟、喝茶、吃零食，因为在电话中懒散的姿势对方也能够“听”得出来。如果我们打电话的时候，弯着腰躺在椅子上，对方听我们的声音就是无精打采的。电话沟通应当适度控制音量，以免听不清楚、产生误会。

（2）迅速准确地接听。当听到电话铃声时，应用最快的速度接起电话。这是一种工作习惯，更是一种工作态度。

（3）认真倾听和清晰地记录。不管是接听还是打电话，要做到“六何”清楚。“六何”即何人、何时、何地、何事、何因、如何做。

（4）重要事项的再次确认。利用电话进行沟通，可以快速解决项目紧急问题，当我们记录完电话内容后，最好能进行再次确认，这样就可以避免重要内容的缺漏。

以上 4 种团队沟通的形式，无论是会议沟通、邮件沟通，还是文档沟通、电话沟通，其目的都是加强团队成员的互相理解，增强团队凝聚力和提升团队决策水平，保证团队目标顺利完成。每一个团队可以根据不同的场景、不同的需求，达到不同的目的而选择不同的沟通方式。

第三节 团队沟通的技巧

为了保证团队沟通顺畅和持续积极向上发展，每一个团队无论采用何种方式进行团队沟通，都应掌握一定的沟通方法和技巧，同时也应当了解团队沟通的原则和注意事项，不然在进行团队沟通时就容易阻碍团队目标的顺利完成。

案例

小A是一名程序员，组长给小A分配了一周的工作，小A开动马力进行编程，组长为了了解工作进度，会经常进行巡视。有一天，组长看到小A对着显示器中的一段代码看了很久，就对小A说："想不出来，就留给我来处理吧！你先赶紧做其他的……"乍看之下，组长是想让小A先干点别的，不要太执着于一件不太容易处理的事儿，但小A的反应却是有点不太高兴，答道："不用，我自己能处理好！"

【分析】这个案例中，组长出于好意的话语为什么会让小A感到不太高兴呢？

小A对独立解决问题还是充满信心的，不希望别人来插手，组长可能只是一个客套话，但也暗示着对小A能力的怀疑，这种情况下就影响了小A的工作情绪，进而影响小组工作的顺利进行。

一、团队沟通的方法

良好的团队沟通，不仅需要好的出发点，更需要建立在彼此尊重的基础上进行，因此沟通的方法也很重要。下面介绍的几种提高团队沟通效率的方法，能更好地减少团队矛盾，降低团队内耗，保证团队成员之间的良好氛围，最终实现团队目标。

1. 讲故事

和团队成员进行团队沟通时，在沟通中引入一些可以表达自己观点的故事，以故事的形式表达团队目前的状况、遇到的问题、存在的疑惑，会让团队沟通更加顺畅，也更容易让成员理解和支持团队的工作执行计划。例如，美国波音公司总裁康迪上任后，经常邀请经理们到自己的家里共进晚餐，然后让他们在屋外围着大火炉坐下，给他们讲述波音公司的故事。经理们听了之后觉得公司如今得到的成果来之不易，因此更加努力工作。

2. 制订计划

一个团队里，有人扮演积极的角色，也有人扮演消极的角色。在这些扮演消极角色的成员里，就会出现一些缺乏目标和计划的成员，因此需要特别注意此类成员并且给予一定的关注和支持，可以帮助他们制订适合他们的工作计划或确定一定的工作目标。有了计划和目标，才能促使成员变成团队的积极的追随者，也让他们更好地融入团队中。

3. 参与决策

要让团队成员从被动变成主动，将团队目标变成自己的目标，就必须让团队成员有主人的感觉，这是一种非常民主的团队相处和沟通方法。例如，在团队的会议沟通上，每一个团队成员都有发表自己观点的权利，针对好的建议和观点，应当给予表扬并且采纳，成员在执行团队目标时也会更加卖力。例如，“瑞翼工坊”的顺利发展就得益于同学们的积极参与。在进行第一次会议沟通时，有同学提议制订一个学习管理制度，这样可以加强自我监督、监管力度，其他同学表示，可以在管理制度里面加入加分或减分规定，提高学习积极性。同学们全程参与会议的决策，让瑞翼工坊的学习氛围越来越好。

4. 培养自豪感

团队自豪感与团队荣誉、团队凝聚力是息息相关的。成员在团队中感受到了团队的凝聚力，并且觉得自己是不可或缺的，那么成员就会产生自豪感。在进行团队沟通时，应充分利用成员的自豪感增强团队的“作战”能力，从而打造团队的品牌。

5. 口头表扬

表扬不但被认为是当今企业管理中最有效的激励办法，更是团队管理中的一种有效的沟通方法。谁都喜欢被表扬，这是一种最直接的提高团队沟通的方法，团队成员在获得表扬的情况下，更愿意全身心地投入团队工作和完成目标。因此在我们平时的团队沟通中，对表现好的、积极的、鼓舞人心的团队成员或者事件，都应当给予表扬。例如，日本松下集团，就将表扬法用得很好。其创始人松下幸之助如果发现进步快或表现好的员工，他会立即给予口头表扬；如果不在现场，松下会亲自打电话或以其他形式表扬下属。

以上各种方法可以拉近团队成员之间的距离，让团队成员更加亲近。我们可以通过沟通的各种渠道和方法传递情感、态度、事实、信念和想法，合理利用个人或团队现有资源，激发团队成员的积极性，以实现团队的共同目标及团队的和谐发展。

二、团队沟通的注意事项

1. 对事不对人

不论是团队管理者，还是团队成员，都必须明确一点：我们所做的一切都是为了把工作做好，都应当以身作则，不偏袒、不针对团队的任何一个人，出现问题只针对问题进行讨论和解决。例如，测试工程师在进行测试时，发现我们的程序存在很多Bug，反馈后，我们就要进行确认并修改。此时我们不能认为是测试工程师和我们过不去，测试Bug是他们的职责，我们要做的就是配合工作并且提高技术水平，写出更高质量的程序。

2. "诚、宽、信"的处事原则

诚实、宽容、信任是任何一个团队都应该有的待人处事的原则。信任一个人，一定是相互之间真诚相待、诚实守信的结果。

3. 认真倾听，真诚赞美

团队开展工作时，要及时沟通工作进展，相互了解彼此的心理动态和工作状态。假如小伙伴出现了抱怨，我们也应该先认真倾听，不攻击，不抱怨，就事论事；假如有成员对于目前的工作找到了新的方法并且很好地解决了问题，在对方分享完时也应当真诚赞美，为团队相处营造和谐的氛围与归属感。

4. 勇于承担责任

在一个集体中，承担起我们应该承担的责任，可以帮我们赢得别人的尊重和信赖，从而强化我们的人际关系。在任何一个集体中，我们做得更好，承担得更多，那么我们的发展空间才会更大。

三、翻转课堂——项目开发小组周会

目前，我们团队正在学习新的专业知识以便为接下来的项目开发做准备，按照要求，必须每周召开一次会议，对一周的学习或者项目开发工作做个总结，以下是会议要求。

（1）组长召集组员进行一次会议沟通，负责主持工作。

（2）各小组成员汇报近期的学习/工作情况。

（3）各小组成员汇报近期项目开发或者学习中出现的问题。

（4）组长评价每个组员的学习/工作表现。

（5）组长和组员一起对出现的问题进行讨论、解决。

（6）组长根据老师的要求安排下一阶段的小组任务，小组自行分解任务到每个组员。

（7）每组安排一名组员做会议纪要，会后以邮件形式发送给各位组员。

周会这样的形式是依据约定的惯例每隔一定期限举行一次的会议，是在工作中常见的一种沟通形式。定期开展周会能使团队管理者掌握团队日常的工作进度，促进团队上下的沟通与合作。

以上训练可以延续到我们日常的学习和工作中，集思广益，有效地改进我们学习和工作的方法。

本章小结

本章介绍了团队沟通的意义和构成要素，团队沟通的各种形式，并且讲解了团队沟通的方法和技巧，帮助提升团队沟通协作能力。希望大家充分理解团队沟通的各种形式，掌握团队沟通的方法，为自己的团队和各小组更好地发展服务。团队自身要想高效率地运作，在很大程度上依赖于团队内部成员的构成和团队成员间的有效沟通。随着团队成员之间的交往，其复杂性会成倍增加，成员彼此之间需要进行强有力的沟通才能了解各自的想法，才能够互相理解，并能通过协作共同解决团队问题。

经过本章内容的学习和训练，请在下面写下心得体会。

____

____

____

____

本章习题

1. 写邮件。

（1）给你的老师发送一封电子邮件，汇报你今天的学习、工作或者所开展的项目内容。

（2）邮件抄送给你们小组组长。

（3）邮件要以附件的形式加上你的工作日报。

（4）邮件要包含你的个人签名信息。

2. 电话沟通情景模拟。

（1）同学 A 扮演研发工程师，同学 B 扮演办公室人员。办公室人员打电话给研发工程师。

（2）办公室人员需传达的内容：研发工程师要参加第二天下午 3 点钟在公司会议室举行的产品研发讨论会，并准备好发言稿，发言内容是新产品的安全使用性能测试计划。

（3）其他同学听完两位同学的电话沟通模拟情景后，根据两位同学的表现给出意见和建议。

3. 填写今天的学习/工作日报。填写内容包含以下几点。

（1）今天完成了哪些任务。

（2）今天遇到了哪些问题，如何解决的。

（3）有待解决的问题有哪些，是否需要协助。

（4）明天的工作计划是什么。

第三章 目标与行动

本章重点

◎制订目标的原则和步骤
◎落实行动的方法
◎“大数据”学习之路的行动计划

本章难点

◎理解目标的重要性
◎掌握制订目标的原则和步骤
◎能利用一定的方法落实行动
◎根据所学专业制订目标行动计划

托尔斯泰说：“要有生活目标，一辈子的目标，一段时期的目标，一个阶段的目标，一年的目标，一个月的目标，一个星期的目标，一天的目标，一个小时的目标，一分钟的目标。”

当人们的行动有明确的目标，并且把自我的行动与目标不断加以对照，清楚地知道自我的行动速度与目标的距离时，行动的动机就会得到维持和加强，人就会自觉地克服一切困难，发奋实现目标。

本章将帮助大家学会制订目标，利用一些工具来落实行动，实现大数据学习之路的行动计划。

第一节　制订目标的重要性

俗话说“未撑船，要先办好落水之地”，意思是说开船之前首先要考虑好在哪儿停船，要不然行船就没了目标和方向。盲目行动是无知的表现，也是一种不负责任的行为，它会浪费我们的时间和精力。每个人都有成功的欲望，但是它必须转换为明确的发展目标，才能够使我们排除各种干扰并为之拼搏。

一、目标的含义

所谓目标，其实就是在一定时间内要达到的具有一定规模的期望标准，简单来说，目标就是给梦想的实现加上一个日期。

曾有段时间，“小目标”这个词作为网络流行用语出现在公众视野，这个词是在一个访谈节目里由万达集团股份有限公司董事长王健林提到的，在谈到关于制订目标追求人生理想时，他说：“想做首富这是对的，这是奋斗的方向，但最好先定一个小目标，比方说先挣它一个亿……”

回到这件事情的本身来说，作为一名成功的企业家在接受媒体采访时讲的道理，大家还是需要认真对待的，虽然说“一个亿”的“小目标”是我们多数人所不可想象的，但是挣 10 万元、1 万元、1 千元的目标总是可以努力实现的，像是每个月能挣到 1 万元的小伙伴们，不妨按照他的意思将我们的“小目标”放大，设置成 2 万元，尽量去努力，若到最后仅实现了 3 千元的增长，想想看也是件得意的事情。

二、目标的重要性

有人做过一次摸高试验。试验内容是把 20 个学生平均分成两组（每组 10 人）进行摸高比赛，看哪一组摸得更高。第一组不规定任何共同目标，每人自己随意制订摸高的高度；第二组针对每个人首先制订一个标准，如要摸到 1. 60 米或 1. 80 米。试验结束后，把两组的成绩全部统计出来进行评比，结果发现规定目标的第二组的平均成绩要高于没有制订目标的第一组。摸高试验证明了一个道理：目标对于激发人的潜力有很大作用。

目标给我们一个能看得见的彼岸，是我们努力的依据，也是对我们的鞭策。当人们的行动有明确的目标，并且把自我的行动与目标不断加以对照时，人们能清晰地评估每一个行为的进展，正面检查每一个行为的效率，清楚地知道自我的行动速度和与目标的距离，行动的动机就会得到维持和加强，人就会自觉地克服一切困难，努力实现目标。目标是人生路上的里程碑，它的作用不仅是界定追求的最终结果，而且能激励我们前行。

第二节　如何制订明确的目标

我们都知道一个常识：向日葵是向着太阳生长的，太阳就是向日葵的目标。目标就是我们人生的太阳，一旦确立了我们到底想要什么，目标就开始变得明确。

从小到大，我们都有无数个目标想要达成：小学的目标可能是考试考 100 分；中学的目标可能是考一个名牌大学；大学毕业后的目标可能是找一份薪水高的工作……在 1953 年，耶鲁大学进行了一项调查，发现有 3% 的学生设定了目标；1973 年（20 年以后），这 3% 的学生比其余 97% 的同学富裕得多。那么如何才能给自己确定一个明确的目标呢？我们可以从以下几个方面着手。

一、终极目标可视化

设定目标最简单并且最高效的第一个步骤就是：确定我们的最终目标是什么，然后把它写下来，先不用去思考我们是否能够实现，只管写下来。这个步骤相当重要，写下来的东西会给我们留下深刻的印象，而且，我们会有一种去实现的冲动。先给自己确定一个终极目标并写下来，如“减肥 10 斤（1 斤= 500 克）”“读完 30 本书”等，然后才能有下一步的行动。

二、自我评估

在确定了目标之后，还需要结合自己的实际情况进行自我评估，分析总结自己有哪些技能，要实现这个目标，我们最担心的是什么，最没有把握的是什么，哪些方面还有所欠缺等。需要注意的是，评估时一定要实事求是。例如，A 同学，想毕业后从事大数据分析师的工作，目前对 R 语言、Excel 这类分析工具也有一定基础，但是编程能力比较弱，所以接下来的重点目标就应该放在编程技能的提升。由此可见，自我评估就是要找到最大的障碍，然后设定一个计划去解决它。

与此同时，要根据自身的学习能力，确定每天或者每周能预留多少学习时间、采用何种学习手段等来对目标进行可行性分析。

其实，大多数人的问题并不是不知道自己的目标是什么，几乎所有人的问题都是不知道实现目标的关键点在哪里。我们需要静下心来，找出目标的关键，只有抓住重点，才能保证目标的实现。

三、给目标加上期限

为实现自己既定的目标，记得给自己加上一个时间期限。先预估会花多少时间完成目标，例如，多长时间内读完 3 本书。对有的人来说，可能是 3 天，最多不超过 3 个星期。根据自己的实际情况，可以是 3 个月，可以是 6 个月。因此，加上时间限制后，这个目标最后可能变成“在未来 3 个月内，读 3 本大数据文摘系列书籍，并就收获和体会写出 3 篇读书笔记”。再如“一年内减肥 6 公斤”“半年内写完毕业设计”等。由此可见，从时间上把控，给目标加上期限，能减少很多不确定事件的发生，让我们对目标结果形成紧迫感。

四、分解目标

如果我们制订的目标比较大，则需要把大目标分解成小的阶段性目标，像剥洋葱一样，将大目标分解到每年、每月、每周、每日等，一直分解下去，直到确定现在该去干点什么。实现目标的过程，是由现在到将来，由低级到高级，由小目标到大目标，一步步前进的。例如，在我们做个人生涯规划时，首先找到自己的梦想，然后将梦想明确化，变成我们人生的终极目标，再将终极目标演化成我们人生的总体目标。

总体目标不要太多，不要超过两个，最好只有一个。然后，把总体目标分解成几个 5～10 年的长期目标；继续分解下去，把每个长期目标分解成若干个 2～3 年的中期目标；继续把 2～3 年的中期目标，分解成若干个 6～12 个月的短期目标；继续将每个短期目标分解成月目标、周目标、日目标等小目标。例如我们的目标是“在未来 3 个月内，读 3 本大数据文摘系列书籍”，那么分解到每个月为“每月读一本”，再往下分解为“每周 1/4 本”，直到最后分解到现在该去干些什么，如图 3－1 所示。

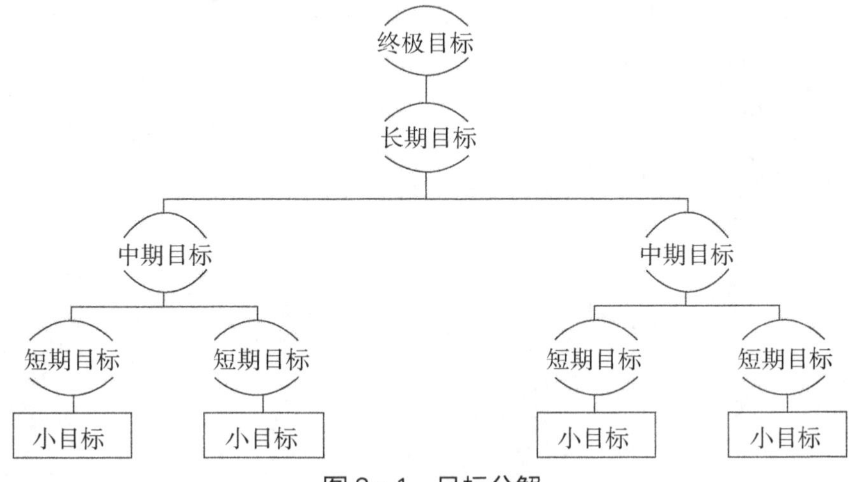

图 3－1 目标分解

大的成功由小的目标铺垫而成。每完成一个小目标，就向大目标迈进了一步。偶尔停下看看远大蓝图，我们会为自己已经实现的目标感到欣慰。

读大一的小明给自己设定了一个职业发展目标。

目标：大学毕业后进入500强公司成为一名数据工程师。

第一阶段目标：大一时加入学生会，锻炼沟通表达能力，学好专业基础，拿奖学金。

第二阶段目标：大二成为学生会骨干，加入“瑞翼工坊”，了解行业应用，参与基础项目开发。

第三阶段目标：大三掌握专业核心技术，成为“瑞翼工坊”助教，教学相长，自己带领团队，独立开发项目。

第四阶段目标：大四开始寻找岗位招聘信息，进入企业实习，毕业成为世界500强公司的数据工程师。

请评价小明这个计划是否合适，并给出理由。

如果有更好的想法，请帮小明完善他的计划。

五、行动

最后一步就是根据我们的目标立刻采取行动，做针对目标实现的一切行动。巴顿将军说过：下一次战争胜利取决于执行，而不是计划。我们都知道：任何地图，无论比例多么精确，它都不可能带着它的主人在地面上移动半步，只有行动才能使梦想变成现实。

第三节　行动

目标制订完成之后，开始行动往往有两个难点：一是启动，二是启动后的坚持。这两点中最难的是启动，这就是为什么我们明明知道一件事对自己特别重要，却不愿意开始，然后就是一日复一日的拖延，最终否定了自己目标。

一、让自己行动起来的方法

其实当我们行动起来，就很容易继续下去，以下几种方法教大家克服自己的惰性。

1. 不要纠结

拖延症患者最典型的症状就是纠结。纠结不仅会消耗我们大量的能量，最可怕的是，它容易导致我们放弃。这个心理过程和做其他很多事情一样，如果没开始，就很难开始，所以与其纠结要不要行动，还不如逼自己一下，立马开始行动。

2. 降低启动成本

人的大脑偏爱简单，如果开始做一件事情需要做的准备工作太多，往往会增加我们开始行动的难度。例如，我要减肥，首先办了一张健身卡，而我又比较讲究，去健身房之前要准备好漂亮的运动服，配上合适的运动包，还得带上干净的换洗衣服，健身完之后还要洗澡、换衣服，再拿包回家……仅这些步骤就已经耗费了我很多精力，想想就觉得累，所以很难开始行动。

因此，如果可以选择，请想办法降低自己的启动成本。如想健身不一定要去健身房，在公园里就可以跑步；想阅读不一定要去书屋，打开装在电子设备里的电子书也可。

3. 想象实现目标后的情景

研究表明，预想实现目标后的情景能使我们表现更好。它有两种形式，即预想结果和预想过程。为了实现目标，需要结合这两种形式。

预想结果：想象实现目标后的情景，尽量具体到细节。例如，想象自己会有什么感受，会收到谁的祝贺，是不是很有成就感，自己有多开心。

预想过程：想象具体要采取的步骤。例如，我们的目标是成为小企业家，想想我们该如何一步步实现。可以想象自己写企划书、贷款和吸引投资商等情景。

预想实现目标后的情景能让大脑把未来的成功纳入记忆。心理学家表示，这会让自己感觉仿佛已经实现了目标，因为我们的大脑通过想象已经得到一部分满足感。

4. “把钻戒丢过栅栏”

如果我们想学跳舞，却担心自己没法下定决心。其实下决心很简单，在班上报名参加学院的舞蹈比赛即可。如果我们想快速提升英语能力，可以去报名参加四、六级考试。这就是“把钻戒丢过栅栏”的理论：在我们面前有个栅栏，如果担心自己没有行动力，那就把自己心爱的钻戒丢到栅栏对面，那么我们一定会尝试着翻过去。这种方法的使用需要注意两点：第一，钻戒别丢太远，否则我们可能捡不回来。例如，我们零基础报名参加舞蹈比赛，只有一周时间学习，我们很可能一开始就会放弃。第二，钻戒的分量要重，否则我们可能不想去捡。也就是说，我们定下的目标对我们的成长是有价值的，否则会没有动力去实现。

二、落实行动的方法

行动是指目标细分到可以通过一步操作即可完成的、不可细分的最小事项/活动。如给小王打电话、发传真、到超市买东西、洗碗、整理 10 家公司的数据、给老板汇报项目进展等。

只有行动才可以被执行，这是任务管理中的基本原理。任何任务、目标、计划都需要转化成行动才能被执行。“不可细分”一词对不同人，在不同阶段、不同情绪状态下，都是不一样的。例如，“使用 Word 软件写一个会议通知”这个事项，对已经参加工作的人来说这就是一个行动，可以一次性完成；而对于刚上小学的孩子来说，他可能需要掌握鼠标、键盘、人类语言基础、写通知的基本格式、遣词造句等才能实现。因此，落实行动通常有几种方法。

1. 准确描述行动

当提到“行动”时，首先想到其中必须包含动词。如果说的行动是“8 杯水”“超市”，这些都不是行动，因为它们不可被执行，需要改成“装满 8 杯水”“去超市购物”，才能被执行。其实，行动的描述不仅只有动词那么简单，还应该有画面感。例如，我们是学生会主席，要求学生会的一名成员“总结一下迎新晚会”，那么即使这个指令中有动词，对方无论怎样按照我们提出的要求思考，他的大脑里也浮现不出任何画面；但如果要求成员“总结出上周举行的迎新晚会活动中还需要改进的地方（至少提出 3 点），写在一个文档里，在明天中午 12 点前交给我”，这样的描述对方便能很好地执行。

由表 3 - 1 可知，行动的描述一定要用“看得见的词语”来表达，并且要具体，这样才是“有画面感”和“真实”的。

表 3-1 描述行动的方法

用“看不见的词语” 描述行动	用“看得见的词语” 描述行动
探讨	请用 3 周的时间确定是否修订目前的方案
共享	请小王进行会议记录，并且在会后两天内以邮件的形式发给所有与会者
可视化	请将主题归结为 3 点，在黑板上写出何时、何地、由谁、做什么
审核	拿着方案落实的 10 项清单，在今天上午 10 点，明天下午 3 点各核对一次

2. 适当使用行动落实软件

在行动中我们需要不断地检视自我，确定行动是否与计划一致，是否朝着目标方向前进，我们可以采用一些行动追踪软件（App）来帮助执行目标。例如，学校要求大家出一个创业项目，如果落地执行必须分解成：确定主题→写策划→搭建平台框架→完善功能模块→整合→测试→交付使用等多个行动；在分解完成后，要采用合理的方式一步步去落实。这里推荐一款落实工具——“日事清”软件。利用这个软件，我们可以记录每日行动过程中实现的目标，并不断总结提高。

我们可以用“日事清”软件进行考研规划、课程管理、旅游攻略、读书计划等一系列行动。其创造性地发明了工作目标自动分解、自动生成工作日报、周报等功能，通过“目标（规划未来）→日程（执行当下）→日志（总结过去）”的软件模式，让我们落实行动。“日事清”软件可在电脑、手机（App）、iPad 等终端使用，数据实时同步，随时随地使用。

有目标、有行动对我们非常必要。无论是工作，还是学习，有目标、有行动都能让自己保持有条理，头脑清醒地执行既定的任务。这种习惯的培养，可以借助类似于“日事清”这样的软件工具。当我们一步步划掉那些已经实现的目标，我们就会有一种成就感。

3. “聪明人用方格笔记本”

笔记本是一种可以提高学习与工作的效率和提升能力的工具，但是很少有人能充分发挥其作用。从现在开始，我们可以准备两个笔记本，一个是每天一页的日程本，另一个是方格笔记本。

日程本的主要功能是用来简单记事。我们可以用它来记录每天每个时段做的事情，要如实记录。连续一个礼拜，就大致可以发现一天的时间用到了哪里，是否有效地投入到我们想实现的目标中去。如果不知道怎么记录，可以去读《奇特的一生》。

方格笔记本是重点推荐的。这种笔记本是按照“事实→解释→行动”这一“三分法”记录笔记，是美国知名大学学生以及麦肯锡为代表的外资企业通过实践证明的非常有效的一种笔记方式。方格本中的横竖线设计便于画图表，可以定目标、落实行动。这种笔记本可以画成 T 形布局的三栏式（见图 3－2）。

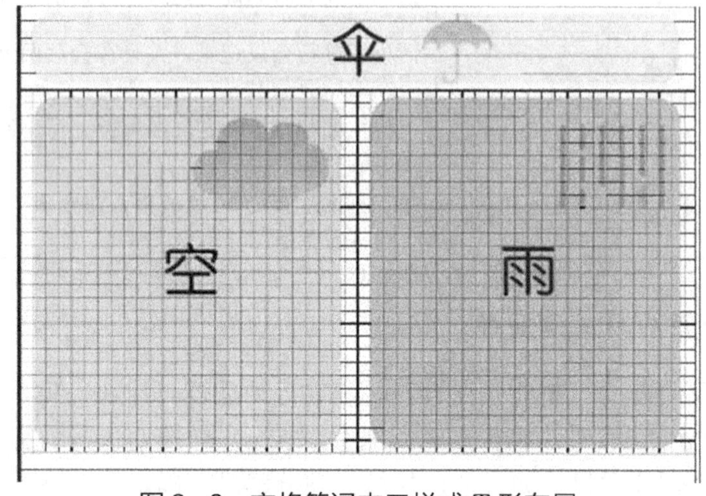

图 3－2　方格笔记本三栏式 T 形布局

上栏“伞”部分是“标题”栏：左上角标明日期，以及这一天最重要的信息。

左栏“空”部分是“总结”栏：根据日程本的记录，可以总结前一天完成了多少任务。在职场上，这部分内容也是很多人在每天早上的例会中用来汇报的数据。

右栏“雨”部分是“行动”栏：这里写一天的“行动”。之所以放在右栏，是因为人们在做完前一天的总结工作后，更容易思考接下来的一天要完成什么，进而落实自己的行动计划。这种思考方法在职场上被称为“基于行动的思考法”。

这种方法也是一种“黄金三分”法，一旦我们学会这一种思考方式，每天按照这种简单的方法开始行动，然后在学习与工作中进一步锤炼，不管是我们的学习效率还是行动计划的落实，都会发生巨大的变化。如果感兴趣，可以细读日本作者高桥政史写的《聪明人用方格笔记本》。

4. 付费行动

当我们习惯了听免费音乐，看免费电影，使用免费软件的时候，便不再重视这些可利用的资源，所以，免费得到的一般不会太珍惜。作为消费者的我们，可以为优秀的内容付费，付费意味着我们真正喜欢，意味着我们对行动的承诺。付费提高了我们的行动成本，当然，也意味着我们更愿意去落实行动。

总之，我们可以选择适合自己的方式，把制订的目标付诸行动，按照自己的能力全力以赴。

三、行动中的注意事项

1. 在行动中保持专注

大脑需要专注，才能高效产出。

首先要学会排除无关的干扰。

如果学习时，QQ 一直不停地闪，或者桌上摆着各种各样的零食，还时不时拿起手机刷一刷微博，长期这样能取得好成绩吗？即使我们不去点闪动的 QQ 头像，它们还是会在那里闪，还是会一直影响我们的注意力。所以，最好的方式就是关掉 QQ，桌面上不摆放任何无关的东西，排除所有外界的干扰，只把我们要处理的事情放在眼前。

如果我们总是难以在一件事情上专注，那么可以选择一件自己感兴趣的并且能够让自己专注的事情作为开头，通过这件事情让自己进入状态，然后才开始专注于真正要处理的事情。

与此同时，我们还需要根据自己的行动方案认真执行其中的每一个步骤，这也需要我们持续简单的专注，直到 100% 地完成一件事再做其他事情。

2. 请求指导

找一个已经实现这个目标的人，向他们请教成功的经验和失败的教训，仔细倾听，多咨询。例如，在学校里，我们自学高等数学的效率可能不高，如果能得到精通高数的人有针对性的指导，会更容易克服困难。

3. 定期评估行动，及时调整

定期评估与行动同等重要。随着行动一步步地落实，我们有时会发现短期目标并未使我们向长期目标靠拢，还有可能发现我们当初的目标并不怎么现实，或者觉得有一个长期目标并不符合我们的理想及人生的最终目标。无论出现上面哪一种情况，我们都需要做调整。对制订的目标越陌生，就越可能出现失误，就越需要不断进行评估和调整。不要害怕更改计划和目标，必要的时候应该调整或放弃目标。

4. 庆祝已取得的成就

当一个目标达成，不管成就大小，一定要抽点时间来庆祝已取得的成就。奖励制度一定要实施，当取得预期的成就时就要奖励自己。小成就小奖励，大成就大奖励。例如，需要好几个小时才能干完某件事，可以对自己说，抓紧时间，提前做完了就去买这几天一直想吃却没有舍得买的美食，然后好好睡一觉。但是绝不要在任务完成之前奖励自己。

5. 坚持

成功的路一点也不拥挤，因为坚持的人并不多。坚持是一种好的习惯、优秀的品质，也是一种让人敬佩的生活态度，更是一种宝贵的精神财富。人的一生中会有很多目标，或长期或短期，或大或小，那些坚持不懈的人更容易实现自己的目标，即使无法达到预期，在其奋斗的过程中也会收获许多经验和教训。

第四节　翻转课堂
——“大数据学习之路”的目标与行动

一年过去了，自己在大一初定的学习目标都实现了吗？计划都执行了吗？

曾经立下的目标都还记得吗？

是不是想要学习大数据分析，却连如何入门都没弄明白？

是不是想要读 20 本书，却发现最终连一本都没有完整读完？

是不是想要出去旅行、认识新朋友，却整个周末都宅在宿舍，连门都不想出……

其实，要想做出改变并非难事。大数据是一门综合性的学科，复杂且具有一定的系统性，所以大数据的学习更需要有一个明确的目标和实际的行动，然后按部就班地执行。

一、确定目标

首先我们需要制订一个明确的、想要实现的长期目标。例如，半年内学习相关课程，掌握大数据分析技能；1 年内熟悉并能在实际项目中应用；2 年内达到企业对大数据分析师的基本要求，成功找到一份大数据分析师的工作等。

在预设目标的时候要注意，明确目标的同时也要有个确切的应用方向。大数据就业岗位有大数据挖掘、大数据构架、大数据分析、大数据咨询等，不同大数据岗位需要的能力不尽相同，学习大数据要结合自己的实际情况和具体就业方向。

二、结合实际情况自我评估

1. 结合自身的专业基础

在确定了大的目标后，接下来我们需要结合自身的实际情况，分析目标与现实之间的差距，实事求是地评估我们已掌握的技能和还欠缺的部分。例如，一旦我们明确了自己的目标是学好数据分析，在毕业后成为一名大数据分析师，就必须了解要成为大数据分析师需要具备哪些能力（可以从招聘网站整理总结），接下来就要总结出自己的实际情况和要成为大数据分析师的差距在哪里，最好能画出技能差异图。图 3-3 所示为一名同学画出的技能差异图。从图可知，该同学数学及统计概率方面的基础知识比较扎实，数据库、量化统计分析、指标体系等属于已有技能；

对 R 语言、Excel 这类分析工具也有一定基础，但是还需深入学习；编程能力比较弱，对 Python、Linux、Hadoop、MapReduce、SAS、数据仓库、Tableau、可视化分析、分析报告等方面技能欠缺，需重点学习。通过分析，这位同学就能清晰地了解自己的学习目标重点。

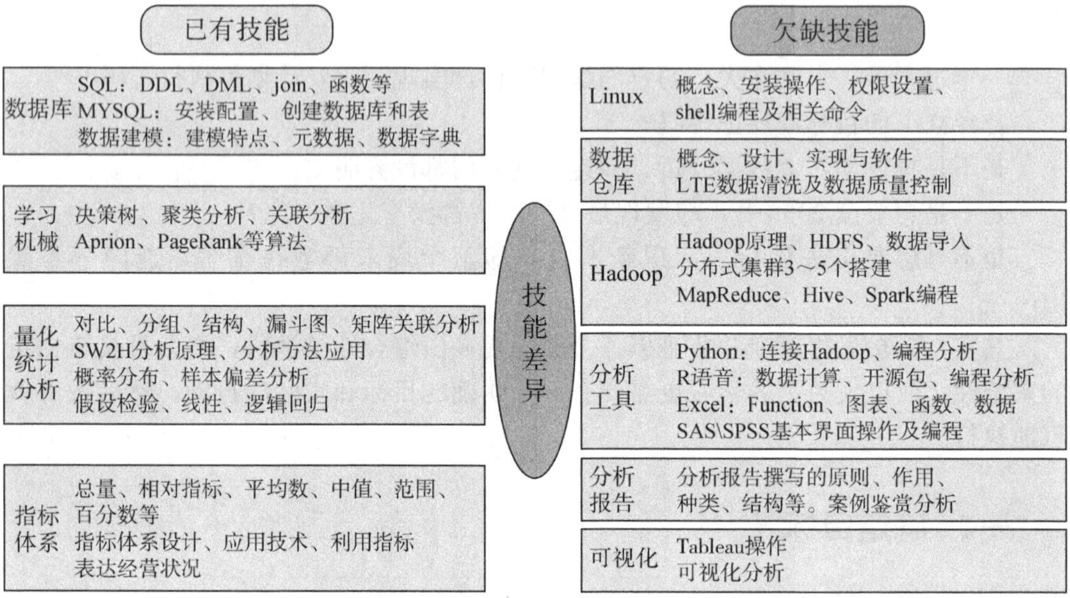

已有技能

- 数据库：SQL：DDL、DML、join、函数等；MYSQL：安装配置、创建数据库和表；数据建模：建模特点、元数据、数据字典
- 学习机械：决策树、聚类分析、关联分析；Aprion、PageRank等算法
- 量化统计分析：对比、分组、结构、漏斗图、矩阵关联分析；SW2H分析原理、分析方法应用；概率分布、样本偏差分析；假设检验、线性、逻辑回归
- 指标体系：总量、相对指标、平均数、中值、范围、百分数等；指标体系设计、应用技术、利用指标表达经营状况

技能差异

欠缺技能

- Linux：概念、安装操作、权限设置、shell编程及相关命令
- 数据仓库：概念、设计、实现与软件；LTE数据清洗及数据质量控制
- Hadoop：Hadoop原理、HDFS、数据导入；分布式集群3～5个搭建；MapReduce、Hive、Spark编程
- 分析工具：Python：连接Hadoop、编程分析；R语音：数据计算、开源包、编程分析；Excel：Function、图表、函数、数据；SAS\SPSS基本界面操作及编程
- 分析报告：分析报告撰写的原则、作用、种类、结构等。案例鉴赏分析
- 可视化：Tableau操作；可视化分析

图3－3　技能差异图

2. 结合自身的时间安排

在分析完技能差距之后，就需要结合实际对自己的时间进行合理安排。例如，我们目前处于大二的学习阶段，白天需要完成各科目的学习，课后每天至少可以抽出两个小时的有效学习时间来学习，加上周末每天保证 5 小时的有效学习时间；一个学期 4 个月的时间，综合下来，我们就会有（21×2+4×2×5）×4=328 小时的学习时间。那么，在此，我们便可以根据每天和每周能预留的时间来进行初步的计划安排了。

在根据自身的实际情况完成自我评估后，我们便会了解到这个大的目标是否可行，接下来便是根据自己的学习能力来进行下一步阶段性目标的分解。

三、确定阶段性目标

由于与大数据相关的技能比较多，因此要先确定好学习内容的先后顺序和方向，由浅入深、由简至繁地学习，遵循“基础理论→大数据存储技术→大数据架构设计→大数据实时计算→大数据数据采集→大数据实战分析”的学习顺序，把制订的大目标分割成一个个阶段性的小目标。以大数据工程师为例，作为一名大数据工程师，必须掌握的技能总结起来有如下 11 条（仅供参考）。

（1）Java 高级（虚拟机、并发）。

（2）Linux 基本操作。

（3）Hadoop（HDFS+MapReduce+Yarn）。

（4）HBase（JavaAPI 操作+Phoenix）。

（5）Hive（HQL 基本操作和原理理解）。

（6）Kafka。

（7）Storm/JStorm。

（8）Scala。

（9）Python。

（10）Spark（Core+SparkSQL+Spark streaming）。

（11）辅助小工具（Sqoop/Flume/Oozie/Hue 等）。

其实，每一条技能的学习都可以是自己的阶段目标。例如，用 1～2 个月掌握 Python 语言，可以用 Python 做爬虫和分析开发；用 3 个月学习 Linux（Linux 的安装、基本命令、Shell 编程等）。

四、具体行动安排

这里的行动计划一定要做得具体，进一步将目标阶段的每一个小目标确定到每周、每天，而且一定要有确切的数字，具体到每本书、每个章节。例如之前举例的"1～2 个月掌握 Python 语言这一阶段目标"，就可具体到每天看什么书、掌握什么小知识点，列出学习资料清单、书籍等。如：1 月 1 日～1 月 30 日，每天晚上用两小时学习《利用 Python 进行数据分析》。在做具体时间安排的时候，需要创建一个时间表，按部就班地进行。因为每个人的实际情况不同，学习能力、可安排时间、知识储备等都有差别，所以具体安排就不再举例。个人建议是：若有持续的学习时间，可采用阅读书籍、观看网络课堂讲解、实验操作等方式进行学习，而平时的一些碎片时间可以巩固课堂所学知识点、阅读相关技术文章等。

规则：

（1）采用"日事清"软件或者"方格笔记本"进行行动落实，每次行动要以"能执行"为标准。

（2）每天要完成自己制订的行动任务。

（3）以一周为一个小单位，一个月为一个大单位，进行总结。

五、注意事项

1. 机动性

俗话说计划赶不上变化，再完美的计划也无法考虑到所有信息，而且我们在做计划时很容易错估自己完成一件事情所需要的时间。如果计划排得太满，久而久之，我们会在“一直失败”中产生失落感甚至想放弃。所以在做计划的时候，要学会给意外留下空间，在每件事的完成时间上增加 10%～20% 的系数，增加计划的灵活性。

2. 稳定性

我们应该尽可能让自己在固定的时间和固定的地点进行学习，这样比较容易培养时间感和空间感，并且时间的设定最好能够符合正常的生物钟，有助于提高学习效率。

3. 实操性

大数据的实践性非常强，如果只看书学习，只了解理论远远不够，一定要尽可能多地实践操作。可以采用多种学习形式，结合书籍、文档、教材、视频、实验等，找到最适合自己的学习方式。

4. 及时调整

一段时间（如一个星期）后，评估我们的计划是否成功，看看是否完成了计划中这一周需要完成的所有事情。如果没有，应分析出导致无法完成的原因，把问题找出来才能很好地解决和调整；如果顺利完成了这一周的计划，应分析取得的效果是否满意，若满意就再接再厉，若不满意就分析原因并进行改进。通过总结和回顾，我们能更清晰地看到自己的计划和实施的不足，及时做出调整，这样可以更有效地坚持计划。

现在请根据自己想掌握的大数据相关技能，确定我们一学期的学习目标和行动计划，并将相关内容填写在表 3－2 中。

表 3－2　学习目标和行动计划

学习目标	行动计划

本章小结

大的成功由小的目标铺垫而成；每完成一个小目标，都是向大目标的迈进。

确立目标是我们开始行动的第一步，落实行动是我们实现梦想的有力保障，专注于既定的目标，才可以使努力有的放矢。

请在下面写下自己的学习和训练体会，帮助自己进一步提高。

____

____

____

____

____

本章习题

1. 写出你的人生目标清单。
2. 选定一个大的目标分解成小目标，由小目标再分解为阶段性目标，直到可执行。
3. 开始执行你的行动计划。

第四章 坚持——积跬步以致千里

本章重点

◎用坚持养成良好的习惯
◎顺利度过习惯养成的3个阶段
◎实践、培养适合自己的“习惯化”

本章难点

◎顺利度过坚持第一阶段：反抗期
◎顺利度过坚持第二阶段：不稳定期
◎顺利度过坚持第三阶段：倦怠期
◎常与数据“打交道”，应该养成的一些习惯

我们知道，任何一种行为只要坚持不断地重复，就会成为一种习惯。想养成好的生活习惯和行为习惯，需要坚持，把简单的事情重复地做。而“坚持”本身，就是一种可以科学养成的习惯。

人们常把培养习惯失败归结于意志力薄弱或没有坚持的性格，其实不然，而应该归结于没有掌握坚持下去的方法和秘诀。

本章是第三章内容的延伸，主要让大家在制订出行动目标之后，运用一定的方法来为自己的目标而努力，合理地利用碎片化时间，把想培养的习惯转化为固定的模式（时间、做法、地点），克服懒惰，认真执行下去，养成良好的行为习惯。

只要方法得当，任何人都能坚持下去，完成从平凡到卓越的转变。

第一节 为什么要坚持

一、日常的坚持可以养成一种习惯

亚里士多德说："人是被习惯所塑造的，优异的成绩来自良好的习惯，而非一时的冲动。"所谓习惯，是指长久养成的生活方式，它能自发地持续进行。行为心理学研究表明：21 天以上的重复会形成习惯；90 天以上的重复会形成稳定的习惯，即同一个动作，经过长期、反复坚持就会变成一种习惯。在我们的学习、生活中，我们都在采取已经成为习惯的行动，如早上 7 点起床、吃早餐、按照固定的路线去上课、晚上洗澡睡觉等。从早上起床到晚上就寝，习惯控制着我们的言行。

在人的大脑里，如果在一定时间内重复进行某项行动，无论好坏，身体都会记住这项行动，久而久之，大脑就会为这项行动设定一套程序，把固定而重复的行动化为无意识的重复动作习惯。习惯的形成可以是有意识选择的结果，如果能把一些好的行为方式不断地坚持下去，让身体学会它，化为习惯，不用思考或努力就可以无意识地自动做出轻松的行动，就能获得更充实而成功的人生。

二、坚持下去就会有奇迹

研究表明，以学钢琴为例，如果想要变成还不错的业余钢琴家，至少需要专注地投入 3 000 个小时的训练；如果想达到专业水准，1 万个小时的刻意练习是必需的。其他各种运动和外语等，想要成为专业人士，用的时间也差不多。所以就有了 1 万小时法则。1 万小时是什么概念？那大约是每天练习 3 小时，坚持 10 年。这不难让人联想到中国的古话"十年磨一剑"。1 万小时能做什么？1 万小时的练习，能帮我们完成最重要的人生积累。对于我们来说，如果坚持一个适合自己的好习惯，会给自己的未来带来很多益处。

假如：每天认真利用 30 分钟写一篇文章，坚持 3 年会有什么样的效果？

结果：能出版几本书。

说明：如果我们每天坚持认真写一篇文章，定期发送到自己的公众号或博客，3 年就是 1 095 篇。写作的过程能让我们理清思路，文章的内容能让我们传递价值，文章数量的增加也会增加我们的个人公众号或博客的关注度和粉丝量。如果我们擅长写某一个主题的内容，并且有趣，那么 3 年时间的积累还能形成自己的风格，甚至不需要 3 年，1 年的时间就能让我们整理出一本图书的初稿。

另外，每天合理有效地抽时间写一篇文章，对提升我们的计划性和工作效率也有很大的帮助。每天只需 30 分钟，除了培养出一个好的习惯外，还能完成自己的著作，是不是觉得很好呢？

假如：每天跑步 30 分钟，坚持一年会有什么样的效果？

结果：能收获一个健康的身体，完成从“油腻胖子”到“型男”的蜕变。

说明：如果我们每天坚持跑步 30 分钟，一个月就是 900 分钟，一年就是 10 800 分钟，等于每年花 180 小时跑步。这不仅仅是行动的坚持，而且是思想意识的坚持。首先长期的坚持能锻炼我们的意志，而长期坚持跑步能让身体适量排汗，加快新陈代谢，也会提高睡眠质量。睡眠质量好的人会增强记忆力，提高工作效率。所有这些能缓解压力，增进身体健康，调节松弛的肌肤，并降低脂肪含量，降低得病的概率。

每天坚持 30 分钟，不仅可以发现我们身体的变化，同时还能体会到成功的喜悦，何乐而不为？

相信自己不通过字幕就能看懂喜欢的英文电影吗？每天练习英文听力 30 分钟，坚持 3 个月试试；相信自己能写出一手漂亮的字吗？每天坚持练字 30 分钟，坚持一年试试；相信自己能在某个领域很专业吗？每天阅读相关的书籍 30 分钟，坚持 3 年试试……

世界上本来没有什么奇迹，所有的奇迹都是长时间努力的结果，是一个由量变到质变的过程。如果像阿甘那样，永远充满希望，永远坚持下去，那么每天都有可能出现奇迹。

第二节　顺利度过习惯养成的 3 个阶段

行为学家认为习惯的获得要经历反抗期、不稳定期和倦怠期 3 个阶段才能达到自动化；心理学家认为，人类有 95% 的行为是在无意识中进行的，而大部分无意识行为都是通过习惯产生的。任何一种行为只要不断地重复，就会成为一种习惯，进而影响潜意识，在不知不觉中改变我们的行为。

一、顺利度过第一阶段：告别 3 分钟热度

第一阶段属于反抗期，持续时间为 1～7 天。此阶段的特征是“刻意，不自然”。我们需要刻意提醒自己改变。

刚开始做一件事，往往从兴奋开始。但是这种兴奋一般维持不了多久，很快我们就会觉得没劲，中途放弃的想法会很强烈，这就是我们常说的“3 分钟热度”。研究表明，在这个 7 天的反抗期失败率高达 42%，可以说是培养习惯的最大难关。如果我们成功地度过了这个阶段，就意味着我们接近了成功的一半。以下对策将帮助大家度过第一阶段。

1. 从小处开始行动

在第一阶段，不要大规模地进行改变。如果把行动目标定得太高，随着热情的下降，我们很容易为自己不去付诸行动而找借口，如“我没时间”“我很累”等，所以，从小处着手效果会更好，也就是我们常说的“千里之行始于足下”。例如，要养成看书的好习惯，先给自己定个小目标，每天只看 10 分钟或者看完 10 页；要养成锻炼的习惯，就先每天慢跑 10 分钟或者散步 10 分钟……一个人再忙也不可能连 10 分钟时间都抽不出来，而且，只有 10 分钟，再怎么不擅长坚持的人也能坚持下去，久而久之，就会形成一种良性循环。这样我们就会逐渐习惯，并且能感受到身体产生的持续动力。

这个方法很简单，也很容易付诸行动，但是无论我们把行动的门槛设得多低，请注意每天都要积累一小步。例如，要培养看书的好习惯，不管每天多累、多忙，都要翻开书看 10 分钟。从习惯化的观点来看，这一点很重要，只有踏出最初的一小步，后面的行动才会顺利进行。无论多么小的目标，对于习惯培养都有相当大的意义。当觉察到时，会发现自己在不知不觉中已经前进了很多步。

2. 简单记录

谈起“记录”，很多人会觉得麻烦，有种逃避的心态。不过，记录在培养习惯

的过程中，能发挥很大的作用。如果打算养成节省的习惯，从记账开始，从客观的数字中直观地看到造成浪费的原因，接下来便能明确应该降低哪项开支。如果不了解问题所在，只凭感觉来开始行动，就很容易在没有看到成果之前失败。若要简单记录，可以采取以下两种方法。

(1) 设置简单的记录表格。确定记录的内容后可以设置一个记录表格，最直观的方法是在家里做一块白板，在上面画一个表格，标明日期和项目内容，每天打卡，如果遵守了习惯就在相应的地方画“√”，没有遵守就画“×”。持续记录，这样便于客观地管理自己的行为，掌握现实行动与理想目标之间的差距。另外，对没有执行的空白栏也会产生罪恶感，从而迫使自己不断行动。

(2) 通过电子/网络媒介记录。随着信息技术的发展，我们有越来越多的软件工具可以用于记录。例如，给自己设定了减肥的目标，那么我们可以用一些软件记录每天减少的体重，利用计步器记录自己每天走路的步数，以便清楚地知道自己所做的努力。

如果条件允许，我们还可以利用社群的方式打卡记录。如加入一些积极正向的社群（微信群、QQ群等）。除了加入别人创建的相关社群，还可以自己建立社群。社群是体现自己交换价值的好地方，可以利用这样的平台结交志同道合的朋友，大家相互监督、相互支持、相互鼓励，传递正能量，影响其他人共同行动。对于坚持这件事来说，一个人可以走得很快，但是一群人可以走得更远。当然，要选择比较好的社群。

在记录过程中有两个注意事项。第一，我们采取的记录方式一定要尽量简单，没必要制作一些复杂的专用表格。例如，打算减肥，可以在体重计前贴上记录表格，只记录每天的日期和体重；打算开始阅读，可以把阅读记录表夹在书里，以“√”和“×”的形式记录当天阅读与否。记录的工具最好能方便随时填写和随身携带。第二，一定要坚持每天记录，以帮助自己坚持行动。若想检测坚持的成效，每天保持记录很重要。

坚持记录能改善一个人的行为模式，提高动力，所以不仅在第一阶段，在整个培养习惯的过程中都要每天做记录。

二、顺利度过第二阶段：持续行动

第二阶段属于不稳定期，持续时间为8～21天。这个阶段的常见情况是被突发的事件影响，如：同学聚餐，喝多了酒，回到宿舍，什么安排都不能继续执行；下雨没有办法持续跑步；老师布置的任务多，需要很长时间才能做完，做完之后只想睡觉等。如果在这个阶段不能持续行动，一不留意，就会半途而废，回到从前，因此，需要刻意提醒自己合理应对，建立持续行动的机制。

1. 行为固定化

进入第二阶段后，我们首先要把计划提高到自己原来要求的程度。假设原计划是每天花 1 小时巩固专业知识，这时设定的目标就应该是每天 1 小时，不能少。然后再把“学习专业知识”这个习惯固定化（时间、地点、做法），并认真执行。

例如，每天在下午下课后花 1 小时去图书馆阅读与专业相关的资料，每天晚自习在教室听 1 小时英文，每天回到宿舍后花 30 分钟记录今天的收获等。相同时间、相同地点做相同的事，可以把固定的内容渗透到身体里，把习惯嵌入日常生活的节奏中，这样身体就能够无意识地重复行动了。一旦行为固定化，身体就能适应“不做不行”的状态。例如之前每天下课以后都去图书馆阅读，某一天突然有事没去，就会觉得不惬意，只有去了内心才觉得坦然，这个时候我们的行为就已经自动化了，内化成了自身的习惯。所以，我们会发现每天生物钟定在早上 6 点起床的人，就算是节假日也会在 6 点钟自动醒来，这便是行为习惯养成的结果。表4－1为某同学做的行为固定化表格。

表 4－1　行为固定化表格

时间	地点	行为
6:30—7:10	操场	跑步
7:30—8:00	食堂	吃早餐
13:00—13:30	宿舍	午休
16:30—18:00	图书馆	阅读
19:30—21:00	教室	晚自习（英语听力）
21:30—21:45	宿舍	整理记录
22:30—23:00	宿舍	睡觉前听音乐

在固定自己的行为时，要注意以下几点。

（1）不能偏离原来的日常安排。例如，不能为了固定自己的行为模式而牺牲掉上课的时间，我们要做的是找到合适的时间点，把好的习惯嵌入到日常生活中。

（2）去除障碍。例如，每天早起半小时跑步，这个时间段不容易被别的事情所影响；准备戒烟的话，不要在抽烟的朋友旁边用餐；想终止玩游戏，就先把游戏卸载等。当然我们一开始很难做到最好，可以在实际生活中多做些尝试，适当调整，以便能尽可能地使自己的行为模式不受影响。

（3）一定要坚持每天都行动。只有坚持行动，才能让我们的身体形成无意识的习惯。例如，刚开始跑步的时候，如果我们每周一、周三、周五都早起跑步 40 分钟，觉得很辛苦，那么就可以在每周二、周四、周六只跑 10 分钟，但一定要跑，持续下去，30 天后，就可以恢复正常的安排，会慢慢看到质的变化。

2. 采取合理的弹性计划

计划安排得再好，要不受影响地持续一个月甚至更久是很难的。例如，每天坚持跑步半小时，会因为下雨、前一天睡太晚、心情不好、感冒了没精神等原因而中断。一旦因突发事件中断了行动，我们坚持的计划就容易失败。因此，采取合理的弹性计划就显得很重要。

所谓“弹性计划”，就是在制订计划时考虑到计划在执行中的各种环境因素可能会发生变化，而留有一定余地的计划。只有事先制订好弹性计划，在突发状况发生时才能灵活应对。例如，下雨天，不能跑步，那就晚上少吃点，多站半个小时；感冒了不舒服，只阅读一个章节也没关系；在第二天能正常实施计划的时候加倍完成目标；甚至可以在遇到突发状况时“理所当然”地中断一次等，像这样的计划，应事先设定好。设定这样的弹性计划，不是为了放松自己，相反是为了让计划能持续下去，也给自己减小不必要的压力，培养固定的行动节奏。当然，在这段习惯养成的过程中，最好能每天都执行计划，哪怕是持续行动的时间只有一点点也会比中断要好，尽量做到每天都有所行动。

值得注意的是，每个人实际情况不同，制订弹性计划时应尽可能考虑到各种变动因素，从而合理地制订应对的措施。如果遇到更多的意外状况，就需要制订更多新规则，同时还要根据实施情况随时调整以符合自己的计划。

3. 设定奖惩制度

设定奖惩制度是在培养习惯的过程中为了持续行动所采用的一些技巧。当感觉自己快要失败时，可以给自己一些奖励或惩罚，以维持坚持下去的动力，突破眼前的困难。例如，一周看两次外国电影作为学习英文的奖励；每天坚持写完日记可以吃自己最喜欢的零食；一天没早起就负责打扫厕所等。这就像一个游戏，我们每完成一定的关卡或者任务，就可以获得不同的奖励，完不成就要受到惩罚。

设定奖惩制度时，要注意以下几点。

(1) 了解自己的喜好，思考奖惩制度与习惯的相关性。只有奖惩制度和自己的喜好与习惯的相关性越大时，持续行动的力量才越大。例如，如果能坚持一周早起，就到周边最有名的早餐店吃一次丰盛的早餐，如果没能坚持，就不能吃零食等。

(2) 奖励和惩罚根据实际需要使用。不同的习惯采用不同的制度，只有根据实际情况制订制度，才会有较好的效果。例如，对 A 同学来说，戒烟时奖励自己吃大餐；培养跑步习惯，惩罚自己时零用钱减半会更有效。

(3) 向大众宣布自己的计划。在我们决定要实施行动计划时，尽量向我们的圈子或我们认为关键的人宣布。可依照自身的实际情况决定宣布对象，这样做的目的是让对方反馈和激励我们。例如，对室友宣布要“减肥 5 公斤”，每瘦 1 公斤就问问他们自己是否有改变，请他们鼓励我们，同时也让他们监督我们。

三、顺利度过第三阶段：建立有变化的动力机制

第三阶段属于倦怠期，持续时间为22～30天。这一阶段被称为“习惯的稳定期”，我们的身体已经逐渐习惯了新的行动。跨入此阶段，我们已经完成了自我改造，习惯已经成了我们生活中的一个有机组成部分，也正因为这样，我们会对这种一成不变感到很无聊、没意义。这一系列情绪的产生会让我们萌生放弃的念头，其实这是我们大脑里的“习惯”为了维持现状所做的最后的抵抗。所以在这个阶段，我们一定要学会有技巧地谨慎度过。

1. 巧妙增加变化

如果一直持续做同样的事，任何人都会感到单调和乏味，于是就会开始寻找不再坚持的借口，继而容易导致失败。既然我们的大脑不喜欢一成不变，那么我们可以通过转换环境或利用不同的奖惩制度，给一成不变的状态加上一些新颖的创意，这样就能有效地度过这个阶段。例如，如果打算开始整理，可以在整理的时候播放轻快的音乐；打算减肥，买几套好看的运动服，并且经常改变跑步路线等。要尽可能多地想出有趣的创意，一旦感觉到一成不变，就应利用变化打破单调的气氛，重获新鲜感。

在制造变化时务必重视以下几点。

（1）尽量准备多种变化。可以改变内容或环境，如阅读不同类型的书籍，学习时点燃不同的香薰灯，整理时播放不同类型的音乐等。创意准备得越多越好，甚至可以根据自身的实际情况逐一尝试这些小小的变化，留下那些真正能够给自己动力的变化。

（2）寻找一些可以同时进行的行为习惯作为变化。例如，一边整理一边听英文、一边看英文电影一边学习翻译等，通过在一种行为习惯中增加另外一种行为习惯的变化而得到两种收获。但这两种行为习惯必须兼容，不能相互排斥，如一边减肥一边吃大餐，这样的效果就会适得其反。

（3）不能以变化为理由改变之前坚持的原则。在第三阶段因为要给自己新鲜感而增加的变化，不能摧毁第二阶段建立起来的行为模式。如果因为增加创意而影响了习惯节奏，就极易导致最后的失败。

2. 尝试新的挑战

在习惯养成的最后一个阶段，我们已经可以感受到坚持带来的成就感，越是在这个时候，越要保持习惯养成的连贯性。有研究表明，如果培养一种习惯的过程进行到第三阶段，就开始拟订下一个习惯培养计划，这能提升我们的动力。通过拟订

的计划，我们能够再次感受到培养习惯带来的成就感，从而冲淡我们的倦怠感。因此，我们在这个阶段可以确定好努力目标，计划下一项行动。这样一旦这种习惯培养结束后就可以马上尝试新的挑战。如此，不断为培养习惯投入精力，不仅提升了我们培养习惯的能力，还能让我们得到更多的收获。

在拟订下一项计划时，应注意以下几点。

（1）提前拟订长远的计划清单。为了使我们的习惯养成连贯进行，可以提前制订 12 个月的习惯清单，并且按照对我们有效的原则进行排序，把我们认为最重要的往前排，并且在一个习惯养成之后立即开始下一项计划，以投入新的行动。这样做，我们会发现自己持续行动的能力越来越强。

（2）一次只培养一个习惯。很多人在减肥时，会同时运动和控制饮食，导致失败率很高。失败一部分是贪心造成的，除非自身的意志力过人，不然很难坚持下去。

当然，在养成好习惯的过程中也许与之相对应的坏习惯已十分顽固，因此在行动时，我们可能需要花更多的精力去克服坏习惯，然而不用担心，方法还是一样的，大不了再来一遍。

第三节 播下习惯的种子，任何人都能坚持

长期坚持做一件事情似乎真的很难，不过，当我们下定决心持续地去做一件事情的时候，我们的坚持就会变成一种习惯。习惯一旦养成，我们不去做的时候，反而会觉得心里不舒服，好像少了什么似的。可以算一下：周一到周五每天看 20 页书，周末每天看 50 页书，大概两周就可以看一本 400 页左右的书；一天看 300 行左右的代码，一周就能看 2 000 多行代码；一天写 1 个段落的博客，一周就能写出 1 篇。当坚持了一段时间之后，就会发现学习的速度比以前更快了。

一、常与数据打交道，应该养成的好习惯

1. 每天总结

最好的总结方式是写工作日志。好的日志格式应该包含问题发生日期、问题简述、解决方案、引用文章或网址、代码、设置或对话框的截屏。要将日志保存为可供计算机搜索的格式，可以进行关键字搜索以快速查找细节。以后发生相同或类似问题时，就可以很快找到并使用了。但是记录问题的时间不能超过在解决问题上花费的时间。日积月累，每天总结的好习惯能锻炼我们快速解决问题的能力，同时避免重复犯错。

2. 邮件沟通

在做数据分析时，我们不能一个人埋头苦干，要与人沟通。如与合作伙伴沟通、与上级部门沟通、与项目组成员沟通等。沟通是进步的源泉。如果说项目组的热烈讨论是个性和激情的体现，那么邮件沟通就是稳重和高效的体现。无论是上下级的工作沟通，还是项目组成员间的问题交流，邮件的作用包括问题正规化描述、工作留档留痕、工作流程流转、责任分工明确等。如在任务进行中我们的目的、具体数据来源、分析方法、行业背景是什么，提供了什么建议或决定，最后的结果是怎样的，这些都可以在邮件沟通时根据不同的对象清晰地表述出来，以帮助我们更好地理清思路，同时，更好地面对任务。习惯于将重大问题、重要事项通过邮件的方式进行沟通，也非常有助于团队协作。

3. 做工作计划

每天在开始学习或者工作之前把当天要做的事情列出来，并按照优先级排列，把自己效率最高的时间段分配给最重要的工作。养成这样的习惯能提高我们完成工

作的质量和效率。哪怕每天只提高 1%，365 天我们的效率就能提高 $(1+0.01)^{365}=37$ 倍。每天进步一点点，不断提升自己才是关键。

4. 积累自己的代码库

如果我们每天都需要写代码，做数据分析，没有积累自己的代码库，在面对新的项目时，所有代码就需要重写一遍，这无疑会浪费很多时间。所以应该学会整理每天完成的代码，把中间的调试信息、测试代码清理掉，按照编码风格和类别整理好，写好注释，以便在需要时重用。

5. 不断提升解决问题的能力

在做大数据信息挖掘、分析时，需要解决各种 Bug。高级技术人员在面对这些 Bug 时会从多个维度思考，如 Bug 出现的时间、系统环境、硬件版本及软件版本等。接着按照找到的问题进行检测、观察、跟进，把影响降低到最小，直到妥善解决问题。所以能清晰地分析问题和快速地解决问题是大数据从业者重要的能力之一。

6. 备份数据

每次操作数据库之前，都要先把数据库备份起来，这个习惯一定要养成。操作数据库的时候，即使只是做一次简单的查询或删除几条普通的数据，都应提前备份，把数据存放在固定的地方，并做好定期（每日、每周、每月）的备份记录。这不会花很多时间，却能在出现失误时及时挽回损失。

7. 关注业界动态，不断学习

数据分析不是一个新的学科，但是其工具、内容、应用方向等一直在不断改变，所以想要成为一位优秀的大数据工程师，万不可故步自封，要保持好奇心，持续学习。探索新领域对长期发展非常重要，可以通过多阅览来了解新动态。这里的阅览内容可以大到国家政策、实时新闻、行业网站，小到“大牛”分享的总结文章和技术介绍。政策新闻可以为我们指引大方向，增长见识；而阅读文章和技术介绍就是学习借鉴的过程，通过学习他人先进的经验、方法，了解别人在做什么，怎么做的。这些做法能带来很多启示，不仅能让我们明白和了解整个大数据的发展趋势，还能知道具体的技术细节。

8. 学会丢弃

拥抱变化。既然变化是永恒的，我们就不可能一直使用相同的技术和工具，所以，只有不断丢弃旧工具，接纳新事物，才能不被旧习惯牵绊，才能更顺利地养成新习惯，才能适应时代的发展。特别是在学习一门新技术的时候，要学会丢弃阻止我们前进的旧习惯，以便保持与时俱进的创新能力。

二、 现在就开始培养好习惯

没有人会拒绝成功，但站立在金字塔顶的成功者，往往是少数人。有好习惯的人，成功的可能性更高。

案例

某公司有两个开发人员：一个人做 .NET 多年了，但是很油滑，做事能省就省，有可以偷懒的机会就偷懒，感觉所有知识和方法自己都会；另一个人毫无 .NET 基础，一直做低级语言开发，从一年前才开始学习 .NET 和 Web 前端，但是做事很积极，几乎每天都自己抽空学习，遇到不懂的都琢磨清楚，不会的就上网或找人寻求帮助，项目结束后还反复思考有什么地方可以改进。从一年前到现在，短短一年，这两个人已经是天壤之别，工资差距也越来越大，后者已经能够独自操盘中小型软件外包项目，而前者还在混着日子。

我们每个人的生活都包含学习、工作、健康、人际关系等元素，如果能用好的习惯去优化以上元素，我们就可以从习惯中获利并看到奇迹。坚持也许不容易，但如果能掌握一些诀窍与原则，实践之后，就会发现我们的“自动习惯动力”越来越强。

以下习惯清单供参考。

- 每天早起 10 分钟。
- 每天早上 7 点准时起床。
- 每天晚上 12 点准时睡觉。
- 每天阅读半小时。
- 每天只上网 3 小时。
- 每看 1 小时计算机，休息 10 分钟。
- 每天少看电视 10 分钟。
- 每天背 20 个单词。
- 每天跑步 1 000 米。
- 每天给父母打 1 个电话。
- 每天按时吃 3 餐。
- 每周做日程回顾。
- 每天早晨列出今天最重要的任务。
- 每天坚持整理。

本章小结

本章分享的道理和方法，都是通俗易懂的，但真正去认真思考并实践的人屈指可数。对于学习大数据专业的学生来说，不要浮躁，沉下心来，把基础打好，把理论性的东西学透，然后应用于实践，在实践中成长，坚持不断提高对自己的要求。坚持是一个人最美好的品质，那么，现在就开始行动吧！

1. 坚持的意义在于培养良好的行为习惯，常年积累就能创造奇迹。
2. 学会顺利度过习惯养成的第一阶段（1～7 天）：告别 3 分钟热度。
3. 学会顺利度过习惯养成的第二阶段（8～21 天）：持续行动。
4. 学会顺利度过习惯养成的第三阶段（22～30 天）：建立有变化的动力机制。
5. 了解学习大数据应该养成的一些习惯，并且开始行动。

请在下面写出自己的学习和训练体会，帮助自己进一步提高。

本章习题

1. 你觉得学习大数据还需要养成哪些重要的好习惯？
2. 请根据你的实际情况列出习惯的年度计划清单，并排序。
3. 根据你制定的清单，从第一项开始，定好相应的目标和内容，并详细地把顺利度过 3 个阶段的对策罗列出来，然后开始执行。

第五章 做内心强大的自己

本章重点

◎了解情绪是如何产生的
◎学会恰当地表达自己的情绪
◎学会有效地管理自己的压力

本章难点

◎了解认知对情绪和行为的影响
◎学会恰当地表达自己的情绪
◎觉察内在自我冲突产生的压力
◎掌握有效管理自身压力的方法

近年来时有新闻报道大学生自伤、伤人事件。这些事件背后折射出大学生所面临的各种环境挑战，以及潜在的心理问题。这些环境挑战和心理问题不但影响莘莘学子的大学生活，更可能影响其走进职场之后的事业发展，甚至终身的身心健康。临床研究表明，情绪和压力是困扰大学生的两大心理问题。因此，塑造强大的心理韧性是职业能力与素质提升教育中必不可少的重要内容。

本章将带着大家一起探索情绪和压力是如何产生的，以及如何管理自己的情绪和压力。希望大家能接纳情绪，学会恰当地表达情绪，并能将自己的压力调整在合适的范围，成为内心更强大的自己。

第一节　我和情绪做朋友

一、认识情绪

当我们看到喜欢吃的东西时会感到高兴，亲人生病时会感到伤心，遇到危险时会感到恐惧，面对紧迫的任务时会感到焦虑，被别人伤害时会感到愤怒，看到讨厌的东西时会感到厌恶。这些感受就是我们通常所说的情绪。

关于情绪的定义，心理学家们众说纷纭，至今也未统一意见。其实到底什么是情绪并不重要，重要的是我们需要知道情绪都有哪些，以及情绪是如何产生的。对情绪的这两点认识是学会管理情绪所必需的前提。

（一）情绪的基本类型与强度

我们都有哪些情绪呢？情绪多种多样，如高兴、伤心、兴奋、痛苦、激动、沮丧、愤怒、心酸、烦躁、厌恶、不满、嫉妒、自豪、羞耻……我们大致可以从两个方面来觉察不同的情绪，一是情绪的基本类型，二是情绪的强度。

1. 情绪的基本类型

情绪的分类方法很多：中医将情绪分为“七情”，即喜、怒、忧、思、悲、恐、惊；美国心理学家普拉切克（Plutchik）提出了8种基本情绪，即狂喜、狂怒、悲痛、恐惧、惊奇、憎恨、接受、警惕；还有的心理学家提出了情绪的9种类别。虽然类别很多，但一般认为有4种基本情绪，即喜、怒、哀、惧。

2. 情绪的强度

每类情绪都有不同的强度，进而形成了不同的细微情绪。快乐一般是需要得到满足时产生的情绪体验。快乐有强度的差异，从愉悦、兴奋到狂喜，这种差异与所追求的目的、对自身的意义以及实现的难易程度等有关。愤怒一般是所追求的目的受到阻碍，需要得不到满足时产生的情绪体验。一般在愿望无法实现时，我们会感到不快或生气，但当遇到不合理的阻碍甚至是恶意的破坏时，愤怒的强度就会增加，甚至感到气得快要爆炸了。恐惧一般是面对某种危险情景时产生的情绪体验。恐惧的强度通常与个人应对危险的能力有关：如果看见一只蜘蛛，我们可能会感到有点害怕；但如果是在海里遇到一条鲨鱼，我们可能会感到非常恐怖。悲哀一般是失去心爱的事物时产生的情绪体验。悲哀的程度常与失去的事物对我们的重要性和价值有关，有时是失落，有时是悲痛。

因此，我们可以从情绪的类型和强度两个方面来觉察情绪。觉察到是什么样的情绪之后，下一步我们需要认识情绪是如何产生的。

（二） 情绪的来源

通常我们认为情绪是由外在刺激引发的，因为发生了一件什么事，所以产生了一种什么样的情绪。但心理学家阿尔伯特·埃利斯（Albert Ellis）提出了一种“情绪 ABC 理论”来解释情绪是如何产生的。

情绪 ABC 理论认为，激发事件（activating event）A 只是引发情绪和行为后果（consequence）C 的间接原因，而引起 C 的直接原因则是个体对激发事件 A 的认知和评价而产生的信念（belief）B。人的消极情绪和行为结果不是由某一激发事件直接引发的，而是由经受这一事件的个体对它不正确的认知和评价所产生的错误信念直接引发的。有个经典的小故事可以帮助我们理解情绪 ABC 理论：从前有位老婆婆，她有两个女儿，大女儿卖伞，小女儿卖鞋。老婆婆成天忧心忡忡，因为晴天她担心大女儿的伞卖不出去，雨天她担心小女儿的鞋卖不出去。后来，有人劝她：“晴天你就想小女儿的鞋估计卖得不错，雨天你就想大女儿的伞肯定卖得很好。”老婆婆这样想了之后，果然不再每天忧心忡忡了。

根据情绪 ABC 理论，对照日常生活中的一些具体情况，我们会发现很多情绪是由不合理的信念导致的。这些不合理的信念通常具有以下 3 个特征。

1. 绝对化要求

人们以自己的意愿为出发点，对某一事物怀有认定其必定会发生或不会发生的信念，它通常与“必须”“应该”这类字眼连在一起。例如，“我必须一直保持第一名”“这件事不应该发生在我身上”。

2. 过分概括化

这是一种以偏概全的不合理信念。一方面表现为对自身的不合理评价。例如，自己做错了一件事就认为自己一无是处，这往往导致自责自罪、自暴自弃的心理，进而产生焦虑和抑郁等情绪。另一方面表现为对他人的不合理评价。例如，别人稍有一点对不住自己，就认为他坏透了，完全否定他人，从而产生敌意和愤怒等情绪。

3. 糟糕至极

如果发生了一件不好的事情，就把未来想得非常糟糕，甚至认为这将是一场灾难。其实这往往夸大了某件事的糟糕程度，把后果想得过分严重。这将导致个体陷入自责、悲观、抑郁、恐惧等情绪中，难以自拔。

案例

小南是一名大数据专业的大二学生，这学期他的某门专业课考了 87 分。他想：我其他课都可以拿到 90 分以上，凭什么这门课低于 90 分？肯定是因为我室友晚上打游戏影响了我复习，要是我毕业绩点低于 4 就找不到好工作了，那可怎么办！哎呀，那个爱打游戏的室友真是太可恨了！他越想越气，感觉自己快爆炸了。

思考问题

1. 小南的情绪是如何产生的？（请用情绪 ABC 理论分析）
2. 如何帮助小南走出现在的情绪？

案例

小北失恋了，男朋友离开自己。小北感到很伤心，也非常怨恨前男友。她想：我这么爱他，可是他却不爱我，做出这样的事情，真是太不公平了，让我伤心死了，一切都完了，我以后再也不可能去爱别人了。她想着想着，忍不住哭了起来。

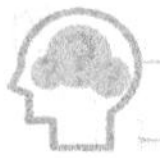

思考问题

1. 小北存在哪些不合理信念？
2. 这些不合理信念应该如何转变为合理的想法？

二、 接纳情绪

大家普遍认为，正面情绪是好的，负面情绪就是不好的。所以，很多人想消灭负面情绪，让自己一直保持正面情绪。例如，很多人认为快乐就是好的情绪，而伤心、愤怒、恐惧等情绪则是不好的，所以压抑负面情绪，希望自己能一直保持快乐。

其实，情绪没有好坏之分。每种情绪都有其存在的必要性。情绪可以分为与生俱来的“基本情绪”和后天学习到的“复杂情绪”。基本情绪与人类原始的生存息息相关，例如，恐惧帮我们感知危险并做出逃离反应，从而保护生命安全。复杂情绪则通过人与人之间的交流学习得到，能帮我们更好地适应社会。情绪也是一种能量，它有自然流动的权利。如果过于压抑、克制或者否认情绪，只会使其变成更大的破坏性能量，暗中吞噬我们的身心健康。

我们要做的是接纳情绪。觉察到情绪之后，承认它，感受它，让它流动在我们的身体和心里。正面情绪或负面情绪都是好的，相信存在自有它的意义，允许自己产生任何情绪，与它静静地待一会儿，听听它的声音，想想它为何而来。

虽然情绪无好坏，但情绪所引发的行为却有好坏之分。不压抑或否认情绪，并不是不分场合地发泄自己；接纳情绪，并不是随心所欲地随着情绪去攻击他人。接纳情绪之后，采取的行为应该是以不伤害自己也不伤害他人为原则，否则就是不好的行为。我们要学会给自己的情绪找到宣泄的出口，并以适当的方式表达，以免雪上加霜，伤了自己也伤了他人。

三、表达情绪

接纳情绪之后，有时也需要表达情绪，以利于情绪根源的解决。但表达情绪要采取适当的方式，具体而言有 3 个步骤和 4 个“不”原则。

（一）表达情绪的 3 个步骤

表达情绪不鼓励“先声夺人”，如果一上来气势就很强，声音很大，语言凌厉，就会激发对方也产生负面情绪，不利于理智地交流。表达情绪要避免“含糊不清”，只发泄情绪，却说不清楚情绪产生的原因及内心的需要，只宣泄情绪，却不能解决问题。

表达情绪可以分 3 个步骤进行：首先，坦白地描述事实，不夸张也不隐瞒地告诉对方使我们产生情绪的事件具体是怎样的。然后，表达自己的心理体验，让对方明白我们产生了什么样的情绪，有什么样的感受。最后，告诉对方我们的需求，使对方知道我们希望他以后怎么做。这样的情绪表达方式既清理了自身的情绪负荷，又表达了内心的需求，有利于从情绪产生的根源上解决问题。

（二）表达情绪的 4 个“不”原则

在表达情绪时，建议遵循 4 个“不”原则，以免采取不良的情绪管理方式。

1. 不责备

责备对于解决问题没有任何帮助。情绪是有传染性的，负面情绪的传染只能使自身的负面情绪体验越来越强烈。按照合理表达情绪的 3 个步骤来与对方沟通，会更容易使对方接纳。

2. 不逃避

如果情绪比较强烈，可以把问题暂时放下。但接纳情绪之后不能继续逃避，而要积极采取行动。例如网络成瘾常常就是逃避，没有采取行动导致依旧存在问题。

3. 不遗忘

很多人面对情绪时选择让它“随风而逝”，认为忘掉过去就能重新开始。例如，有人失恋之后就想：既然不能和她在一起，就忘了她吧，时间会冲淡一切的。其实，负面情绪如果不及时处理，可能会像定时炸弹一样埋在心里。所以，最重要的不是忘掉这件事，而是承认它，接纳它。

4. 不委曲求全

委曲求全其实是把攻击矛头指向自己，压抑自己，甚至是否认自己，以维持现状。其实，只要恰当地表达情绪，提出合理的要求，一般是不会导致激烈冲突的。当然，不委曲求全并不是鼓励以自我为中心，随心所欲，任性而为，而是尽量在不伤害别人的情况下保全自己。

第二节 我的压力我管理

一、压力源头探秘

要管理压力，首先要找到压力从何而来。探究压力产生的根源，比较容易想到的是各种外在环境所带来的挑战，除此之外，很多压力其实还源于自身内在的心理因素。下面介绍大学生常遇到的一些外在环境挑战，以及常见的内在自我冲突。

（一）外在环境挑战

1. 学习困难

大学学习与中学学习有较大差异。第一，大学的专业化学习程度较高，尤其是学习大数据这样高技术含量的专业，要求学生进行复杂的智力活动，获得比中学时期更为高深的知识结构。第二，大学知识距学科前沿很近，学生需要主动翻阅大量参考书，自己去思考问题，要求学生有较强的自主学习能力，以及开展科学研究的积极性。第三，大学教育也是职前教育，为未来进入某一职业工作做准备，要求学生有较强的实践能力和职业素养。这些学习内容、学习方法、学习目的等方面的差异可能给那些只适应中学学习、在父母和老师严格管理下成长起来的学生带来比较大的挑战，进而产生较大的学习压力。

2. 情感挫折

随着年龄的增长，大学生进入情感丰富又敏感的阶段，有强烈的爱与被爱的需要。恋爱成为很多大学生口中的高频词。但爱情犹如一把双刃剑，有时给我们带来幸福快乐，激发创造力；有时也会带来难过、不安与烦恼，使我们饱受爱情的痛苦。例如，有的是苦苦暗恋，不知如何表达；有的是争吵不断，不知如何化解恋爱中的冲突；有的是失恋分手，不知如何抚平创伤。其他的感情也像爱情一样，常常成为大学生的压力来源。

3. 人际冲突

大学的交往追求相互平等，体现独立人格。大学生在人际交往中，会不可避免地遭遇挫折。例如，因地域文化、经济条件、行为习惯等差异与同学发生矛盾；因不善言辞而受到同学们的冷落；因没有知心朋友而感到孤独；因无法达到他人对自己的期望而遭受挫折；因宿舍琐事与室友不能愉快相处……面对这些问题，压力值会骤然上升。

4. 就业发展

我国每年都有数以百万计的大学毕业生同时找工作，面对就业与择业问题，大学生有各式各样的困惑，就业压力巨大。毕业之后考研究生、考公务员、进国企、进外企，还是创业？将来是否从事与本专业相关的工作？应该选择稳定而低收入的工作，还是选择不稳定但收入较高的工作？面对这些问题，很多人徘徊不定。有些同学为逃避社会竞争而选择继续深造，但又对专业研究不感兴趣；有些同学在择业时无视内心需求而只看重外在利益，但又对职业发展缺乏动力；还有一些同学面对多种职业选择，感到无所适从。这些就业发展的艰难选择是大学生常见的压力源头之一。

5. 重大变故

重大变故是指那些严重的、不可逆转的生活改变。例如，重大考试失败、转专业、家庭成员患重病或死亡、父母离婚、与好友关系破裂等。生活的重大变故会引起焦虑，产生压力，甚至可能对个体造成严重的心理创伤。

（二）内在自我冲突

1. 完美主义人格的束缚

完美主义者往往比一般人更认真、更负责、更细心，有更高的要求，并因此成就了他们的优秀。然而，当过度追求高标准而不顾严重的消极后果时，就可能出现心理问题，对塑造健康人格十分不利。过度追求完美，不但容易对自己有过高期望和过分苛求，而且也容易对他人和环境产生过高期望甚至过分挑剔。完美主义者习惯用完美尺度去衡量自己、衡量他人、衡量生活中的一切，但不完美是必然的，因此就会陷入失望与痛苦的压力中。

2. 盲目比较的思维模式

盲目比较常常存在思维误区。例如，把无法衡量的东西拿来比较；把不同维度上的东西进行比较；时时刻刻想着与他人比较等。这样的比较要么不合理，要么太频繁，都是不正确的。盲目比较容易使人产生盲目的自信，如认为曾经比别人强就应该永远比别人强。盲目比较也容易使人产生盲目的自卑，如“外形好的有很多，我个子不高、长相平平，我在大学如何立足?”盲目比较还容易使大学生们忘记上大学的根本目的，把比较中的“别人”当作自己的奋斗目标，这是不恰当的。

3. 期望超越现实

大学生所处的人生阶段决定了他们会比其他人产生更多期望和现实之间的冲

突。对大学生来说，未来还有很多的不确定因素，可以对未来抱有很多美好的设想。但是，同时他们又不得不面对现实中的多重因素，如恋爱被拒、求职无门、大城市情愫等。当理想撞上了现实，是勇往直前，还是举手投降，这可能是大学 4 年中会不断面临的选择。在期望和现实的夹缝中生存的大学生，必将承受巨大的心理压力。

4. 动机冲突

动机是激发和维持个体活动，并导致该活动朝向某一目标的心理倾向或动力。如果动机只有一个，那就会有很强的行动力。但事实上，人们拥有多重动机，如果不能将其整合，动机之间就会出现冲突，而冲突会带来压力，使人产生不适感。心理学研究发现，冲突有 3 种基本类型：一是“接近—接近型冲突”，指同时存在两个具有同样吸引力的目标而只能取其一。例如，既想读研，又想直接工作。二是“回避—回避型冲突”，指两个目标都同样没有吸引力却只能避开一种，接受另一种。例如，既不想考研，又不想直接工作。三是“接近—回避型冲突”，指同一个目标既有积极意义，又具有消极意义。例如，谈恋爱既有甜蜜温馨、卿卿我我的一面，又有妥协、失去“自由”的一面。这些动机冲突若得不到解决，就可能造成心理压力。

二、 程序员面对压力的策略

心理学研究表明，压力与工作绩效的关系呈“倒 U 形”曲线（见图 5－1）。当压力不太大时，压力产生动力，随着压力的不断增加，工作绩效也会不断提升。当压力过大时，压力产生阻力，在压力达到某个程度后，随着压力的不断增加，工作效果反而会不断下降。如果压力非常大，超过了个体的承受力（到达 P 点状态），甚至会产生各种躯体和心理症状，损害健康。因此，压力管理非常有必要。压力管理目标就是使压力保持在能使工作绩效最高的程度上。

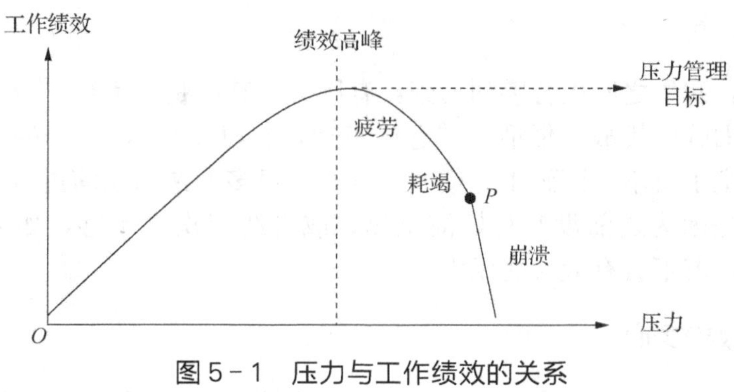

图 5－1　压力与工作绩效的关系

大数据专业的学生，未来最可能的职业是程序员，而程序员是公认的高压力群体之一。虽然在大众眼中程序员的工作环境好、收入高，但程序员工作的技术含量高、精细化程度高，对从业者的能力、精力、体力都有较高的要求，而且经常需要加班，因此程序员的压力是比较大的。程序员因不堪重负而离职转行、罹患身心疾病、甚至伤人或自伤的案例层出不穷。所以，掌握压力管理这项技能对大数据专业的学生尤为重要。为帮助大数据程序员们缓解压力，达到高绩效工作状态，下面介绍几种常用的压力管理策略。

（一）理性分析

当压力在尚可接受的范围内，如果想适当减少压力，建议采用理性分析的压力管理策略。这种策略关注产生压力的源头，主要通过合理的认知调整并积极地采取行为，从而达到管理压力的目的。

1. 追根溯源

感受到压力之后，要调整压力状态，首先要做的就是追根溯源，思考压力源有哪些。前面介绍了一些大学生常见的外在环境挑战及内在自我冲突，它们可以作为寻找压力源的参考。如果能准确找到压力产生的源头，采取改变或接纳行动，就能将压力调整到适当的范围内。

2. 聚焦当下

我们之所以感到压力比较大，并因而产生焦虑、抑郁等情绪，很多时候是因为过于关注过去或者未来，而忽略了现在。“往者不可谏”，沉溺于对过去的追忆或懊悔中，无益于问题的解决，也就无益于减小压力。“来者犹可追”，未来可以掌握在我们手中，但重点不在未来，而在“追”。“追”指的是着眼于当下的行动，而非一味关注未来的不可确定性。有些人甚至将不可预见的未来盲目糟糕化，总是想到最坏的可能，这样的错误认知当然会导致压力骤升。所以，如果我们感到压力比较大，把我们的思想和感受从过去和未来转移到现在吧！

3. 准备充分

很多时候，我们之所以会感到紧张，有压力，其实是因为自己没有做好充分的准备去应对所面临的挑战。俗话说“仓中有粮，打仗不慌”，充分的准备能使内心安定，内心安定了就不会感到压力很大。例如，很多人在当众演讲时会感到压力很大，很可能就是因为之前没有写好演讲稿，或者练习次数不够，如果准备充分的话，心里有底，就不会有太大的压力。

（二）放松身心

如果压力感比较强烈，自己无法进行理性的分析，就需要暂时从问题中抽离，先放松一下身心。当身心调整为比较舒适的状态后，再进行合理的认知调整，并着眼于问题的解决。

1. 放松训练法

放松训练法通过练习一些在身体和心理上放松的方法，学会调整自己的身心进入一种轻松舒适的状态。很多人在压力大的时候会出现头痛、失眠、身体酸痛等躯体症状，以及烦躁、焦虑、抑郁等情绪状态。放松训练可以帮助我们缓解这些躯体和情绪症状。

放松训练的具体方法有很多，如腹式呼吸法、渐进放松法、冥想、瑜伽等。学习渐进放松法和冥想时，可以借助放松引导语，一步步放松自己的身体和心理。放松引导语可以从网络上获取，也可以自己录制，选择对自己引导效果好的即可。瑜伽等方法则需要在专业人士的指导下学习和使用，切记注意安全。腹式呼吸法简单易操作，下面介绍一下如何通过腹式呼吸来放松身心。

腹式呼吸以膈肌运动为主，吸气时胸廓的上、下径增大，能够增加膈肌活动范围，而膈肌的运动直接影响肺的通气量。

（1）具体操作方法。

① 右手放在腹部肚脐，左手放在胸部。

② 吸气时，最大限度地向外扩张腹部，胸部保持不动。

③ 呼气时，最大限度地向内收缩腹部，胸部保持不动。

④ 循环往复，保持每一次呼吸的节奏一致。细心体会腹部的一起一落。

经过一段时间的练习之后，就可以将手拿开，只用意识关注呼吸过程。

（2）注意事项。

① 呼吸要深长而缓慢。

② 用鼻呼吸而不用口呼吸。

③ 一呼一吸控制在8～12秒钟，即深吸气（鼓起肚子）3～5秒钟，屏息1秒钟，然后慢呼气（回缩肚子）3～5秒钟，屏息1秒钟。

④ 每次练习1～30分钟，做30分钟最好。

⑤ 身体好的人，屏息时间可延长，呼吸节奏尽量放慢、加深；身体差的人，可以不屏息，但气要吸足。每天练习1～2次，坐式、卧式、走式、跑式皆可。练到微热、微汗即可。腹部尽量做到鼓起缩回50～100次。呼吸过程中如有口津溢出，可徐徐下咽。

2. 积极的自我暗示

当感到压力很大时，给自己以强有力的积极自我暗示，如“我能行”“事情不会那么糟糕”，或者想象自己成功的经验和感受，这样可以增加自信，并从积极的角度看待问题，从而缓解压力。

积极的自我暗示区别于自欺欺人。积极的自我暗示是接纳，是有根据的相信；自欺欺人是否认或忽略，是没有底气的欺骗。积极的自我暗示其实是首先承认了自己的状态不佳，并接纳了自己的情绪，然后调动对自己的合理评价，相信自己可以凭实力应对所面临的问题，并利用已有的成功经验或感受来鼓励自己采取行动。而自欺欺人常常通过忽略问题，或者否认问题的难度，空洞地告诉自己“我一定能成功”来逃避问题。

3. 良好的生活习惯

除了在面临问题时进行身心放松之外，平时养成良好的生活习惯，也有助于缓解日常压力。养成良好的生活习惯主要包括两个方面：一是保持良好的作息和饮食规律，并适当运动；二是培养自己的兴趣爱好。良好的作息和饮食规律，以及适当的运动，有益于塑造健康的体魄。身心是互相影响的，身体的良好状态会带来积极的心理体验。兴趣爱好是指能让我们乐意去做，并带来快乐的事情。心理学上有一种“flow”体验，即通过专注地沉浸于某一件事情，全身心投入，进而产生一种舒适愉悦的体验。做自己喜欢的事常常能达到这种“flow”体验，将压力抛出脑外。

（三）积极求助

通常我们可以依靠自己的力量缓解压力，但偶尔也有应对不了的情况。这时需要主动向身边的人求助，借助他人的力量和资源，应对面临的问题。

1. 求助于社会支持系统

社会支持系统是指个体在自己的社会关系网络中获得的，来自他人的物质和精神上的帮助和支持。我们的社会支持系统常常包括家人、朋友、同学、老师、长辈等，以及从他们那里获得的社会资源和精神支持。如果我们花费了时间精力去管理压力，但仍无法应对，就要主动与家人、朋友等谈一谈，不要憋在心里默默承受。也许说出来之后，我们会发现原来事情并不像自己认为的那样糟糕，自己也不像自认为的那样差劲，一切都会好起来的。

2. 求助于专业人士

有时社会支持系统会“心有余而力不足”，这时就需要寻求专业人士的帮助。能帮助我们走出过度压力状态的专业人士一般包括心理咨询师、心理医生、精神科医生等。他们拥有专业的知识背景以及临床经验，或许可以帮助我们发现潜藏在巨大压力背后的生理或心理原因，并通过心理疗法或药物疗法引导我们走出迷途，重新焕发生机与活力。

案例

Kevin 是一家知名互联网公司的大数据分析师，最近他常感到全身沉沉的，没有力气，心情时而抑郁，时而烦躁，严重影响工作状态，不得不请假在家休息。Kevin跟夫人说："我最近感觉好累呀！手上好几个项目，一个比一个要得急，一整天都坐在计算机前，常常加班到凌晨。做出来的东西有时被测试部门测出一些Bug，又被项目经理批评。最近身体也不好，上周刚得了急性肠胃炎，这周又得了感冒，真是难受，真想辞职不干了。可是咱家里现在上有老，下有小，还有房贷、车贷每月等着还，不能辞职呀！"

思考问题

1. Kevin面临的压力有哪些？
2. Kevin该如何管理所面临的这些压力？

本章小结

1. 觉察情绪、接纳情绪、适当地表达情绪才能管理好自己的情绪。
2. 情绪产生的直接原因并非激发事件，而是个体的认知信念。
3. 适当地表达情绪应遵循3个步骤、4个"不"原则。
4. 探寻压力源是压力管理的首要步骤。
5. 掌握压力管理的策略。

请在下面写下自己的学习和训练体会，帮助自己进一步提高。

本章习题

1. 画出你的"压力圈"。

请静静感受一下你最近的压力程度如何，并思考压力的来源都有哪些，然后画出困扰你的"压力圈"。（写出你都有哪些压力源，为每个压力源画一个圆圈，圆圈的大小表示压力的程度）

2. 找到"破圈而出"的压力管理策略。

根据本章所学内容，为你的每个压力源写出相应的压力管理策略，并应用于实践。

第六章 全新思维——提升逻辑思维能力

本章重点

◎了解大脑左右脑并用的效果
◎学会绘制思维导图
◎了解如何制作计算机思维导图
◎简单了解其他结构化思维呈现方法

本章难点

◎了解左右脑的功能
◎掌握思维导图的基本知识
◎掌握利用计算机制作思维导图的方法
◎了解鱼骨图、逻辑树等思维工具

逻辑思维，是思维中的抽象思维，是借助概念、判断、推理，反映客观现实的理性、化繁为简的过程。

常跟数据打交道，需要有强于常人的逻辑思维能力来进行信息识别、数据分析和归纳总结，这种能力的形成与发挥与一个人所具有的逻辑素养密切相关。可见，如果我们具备较强的逻辑思维能力，将有助于我们深刻理解和灵活运行所学知识，尽快抓住事情的规律和本质，理清思路，准确地表达思想，建立系统有效的推理，从而看到新的世界。

逻辑思维是一种方法，习惯了这样的解析方式，碰到复杂的问题也能迎刃而解。

本章将向大家揭示人脑无与伦比的功能，带大家学会使用思维导图、鱼骨图、逻辑树等工具，提升逻辑思维能力。

第一节 神奇的大脑

英国作家、心理学家、教育家东尼·博赞（Tony Buzan）说："你的大脑就像一个沉睡的巨人。"大脑是人体的核心器官，它影响着我们的思想、行为和记忆，要想提高脑力，开发智力，提升我们的学习能力，就必须对大脑有深层次的了解。本节主要讲解如何充分运用左右脑的机能，利用记忆、阅读、思维的规律，在科学与艺术、逻辑与想象之间平衡发展，从而开启人类大脑的无限潜能，帮助我们形成更加严密、稳定的思维模式。

大脑的功能既重要，又神秘。人的思想、信仰、记忆、行为、情感都与大脑密不可分。大脑是思维的场所、控制机体的中枢，具有协调人体躯体感觉、视觉、听觉、嗅觉、运动功能的能力。正是由于有了大脑，人们才能够讲话、计数、作曲、欣赏音乐、识别几何图形、相互理解和彼此交流。大脑还具有制订计划和进行想象的能力。大脑将来自身体表面或内部器官的各种刺激进行整合，然后通过调整体位、四肢运动以及脏器的活动对上述刺激做出反应，并参与情感和觉醒程度的调节。

一、 大脑的左右半球

20世纪60年代末，美国加利福尼亚州的教授罗杰·斯佩里（Roger Sperry）公布了他对大脑中进化最为完整的区域即大脑皮质的调查结果（"皮质"的意思是"外壳"或"皮层"），并因此荣获诺贝尔奖。斯佩里初期的发现说明，皮质的两边或者叫半脑，两者之间的主要智力功能似有分开的倾向。右半脑看起来好像主要负责下列功能：节奏、空间感、格式塔（完整倾向）、想象、白日梦、色彩及维度等。左半脑主要负责的功能似有不同，但也同样重要，如词汇、逻辑、数字、顺序、线性感、分析和列表等。

我们常将人区分为左脑人（科学家）和右脑人（艺术家），但是这种区分限制了我们的潜力——我们本来就能够的两个半脑同时使用。正如迈克尔·布洛克（Michael Bloch）在他的论文中说的那样："如果我们把自己说成是'左脑人'或'右脑人'，那是在限制自己开发新策略的能力。"

二、 学习的心理——记忆

研究表明，在学习过程中，人脑主要记忆下述内容。

- 学习开始阶段的内容（首因效应）。

➢ 学习结束阶段的内容（近因效应）。

➢ 与已经存储起来的东西发生了联系，或者与正在学习的知识的某些方面发生了联系的内容。

➢ 作为在某些方面非常突出或者独特的东西而被强调过的内容。

➢ 对5种感官之一特别有吸引力的内容。如榴莲、咖啡、柠檬的味道，长相奇特或者五官特别好看的人，会让人记忆深刻。

➢ 本人特别感兴趣的内容。

三、格式塔——“完整倾向”

大脑倾向于寻找模式及完整。例如，大多数人在读“1, 2, 3……”时，会努力压抑加上“4”的冲动。同样，如果有人说：“我有个非常有趣的故事告诉你……哎呀！对不起，我刚想起来不应该讲给任何人听的。”我们的反应会是什么？一定会要求他赶紧说出来。大脑这种寻求完整的固有倾向叫作格式塔——一种需要通过词汇和意向填充空白以求整体的自然倾向。思维导图的结构正好满足了这种倾向。

四、大脑的思考过程

大脑这台令人惊异的机器有五大功能——接收、保持、分析、输出和控制。

➢ 接收：接收任何感觉器官所感觉到的任何东西。

➢ 保持：保持记忆，包括记忆能力（存储信息的能力）和回忆能力（调取被存储信息的能力）。

➢ 分析：模式辨认和信息处理。

➢ 输出：输出任何形式的联系或者创造性行为，包括思维在内。

➢ 控制：控制所有的精神和身体功能。

五、传统的笔记形式

我们做过一个实验，让一个小组中的每位成员在5分钟内，就“大脑、革新、创造力和未来”这个话题准备一份非同寻常、有创造性的演讲。允许他们使用各种不同的纸张、彩色笔和其他书写材料，并要求他们的笔记草稿里包括下列内容：记忆、决策、交流和表达、时间管理、创新和改革、问题解决、计划、幽默、分析、听众参与。

尽管提供了众多的书写材料，他们中的大多数人还是选择了有线条的纸和一支签字笔（通常是黑色、蓝色或蓝黑色）。笔记中所用的3种主要风格如下。

➢ 句子或者叙述风格：简单地把要说的话以叙述的形式写出来。

➢ 列表风格：以表格形式记下简单的想法。

➢ 数字或字母轮廓风格：按照层级次序制作笔记，该层级次序主要由主分类和次分类构成。

在所描述的 3 种主要风格中，每一种风格所使用的方法如下。

(1) 线性模式。这些笔记通常都是以直线模式写下来的，还用到了语法、时间顺序和层次顺序。

(2) 符号。包括字母、单词和数字。

(3) 分析。里面用到了分析，可是，分析的质量却因为线性模式而受到了极大的影响，反映出的是表达形式的过分线性化而不是内容。

这是全球各地不管什么语言或国家的学校和职场中，95% 的人制作笔记和记笔记的 3 种主要方法。

符号、线性模式和分析，这些目前在制作笔记和记笔记中用得最多的方法，只不过用到了大脑皮层大量功能中的 3 种而已。这些标准的笔记中几乎没有以下内容。

➢ 视觉节奏。

➢ 视觉模式或任何模式。

➢ 色彩。

➢ 图像（想象）。

➢ 视觉化。

➢ 维度。

➢ 空间感。

➢ 格式塔（完整倾向）。

➢ 联想。

另外，超过 95% 的笔记都是单色的，非常单调的颜色（通常是蓝色、黑色或蓝黑色）。如果大脑感觉到无聊会怎样呢？它会“不理不睬”“关机”，随后“睡觉”。因此，95% 受过教育的人都在以一种使自己和他人都感到无聊的方式制作笔记，这些笔记使人分心，让很多人进入一种昏昏欲睡的状态。在过去的几百年中，我们中很多人制作笔记时，只用到了不到一半的大脑皮层。这样的话，连接大脑左右半球的各种技能无法通过向上螺旋运动和生长的方式产生互动。反过来，我们人类却用一些使大脑产生拒绝和遗忘的制作笔记和记笔记的方法增加大脑的负担。为什么有的同学特别用功，学习成绩却很难提高，很多时候都是因为没有彻底唤醒沉睡的大脑。

总体来说，传统的笔记形式有以下几个缺点。

(1) 关键词模糊。关键词通常是名词或重要动词，当读到它们时，能引起一系列的相关联想。在标准笔记中，这些关键词经常出现在不同的页码上，埋没在一大堆相对不重要的词汇之中。这些因素阻碍大脑在各个关键的概念之间做出合适的联想。

（2）不易记忆。单调的（单一颜色、单一模式）笔记看起来很没有意思。这样的话，笔记就会被拒绝和遗忘掉。另外，传统笔记形式列出来的东西看上去通常都很相似，会使大脑处于一种半睡眠状态，几乎不可能记住什么东西。

（3）浪费时间。传统笔记形式总是记些不必要的内容，因而在各个阶段都很浪费时间。

（4）不能有效地刺激大脑。传统笔记形式的线性模式内容阻碍大脑做出联想，因此对创造力和记忆造成负面影响。特别是面对表单式的笔记时，大脑会不断地有一种感觉，好像“快要完了”，或者“已经完毕”。这种错误的完成感觉会起到一种精神麻醉剂的作用，减缓或者抑制思维的过程。

第二节　思维导图的基本知识

一、思维导图的诞生

我们平时记录笔记大多采用传统的笔记形式，很难产生联想和记忆。要发挥笔记的作用，可以思考这样一个问题："我的笔记中有什么东西能帮助我产生联想和强调?"

东尼·博赞通过研究信息处理的本质、脑细胞的结构和功能、大脑皮层以及天才的记笔记习惯，证实并加强了原来的理论，思维导图就这样诞生了。

当我们品尝到熟透的梨、闻到花香、听到音乐、看到小溪、摸到心爱的物品或者仅仅沉湎于回忆时，我们的大脑中会出现什么呢？答案令人惊奇。

进入大脑的每一条信息——每一种感觉、记忆或思想（包括每一个词汇、数字、代码、食物、香味、线条、色彩、图像、节拍、音符和纹路等）——都可以作为一个中心球体表现出来，从这个中心球体可以放射出几十、几百、几千、几万个钩子。每个钩子代表一个联想，每个联想都有其自身无限多的连接与联系。我们已经使用到的这些联想，可以被视为我们的记忆、数据库或者大脑图书馆。

二、什么是思维导图

思维导图又叫心智图，是表达放射性思维的有效的图形思维工具。它是以关键词为节点，以流畅的线条为纽带而绘制的形象直观的图形图像。由于同时启动左脑和右脑的全部功能，因此它既是一种结构化的放射性思考模式，也是一种革命性的思维工具，如图 6－1 所示。

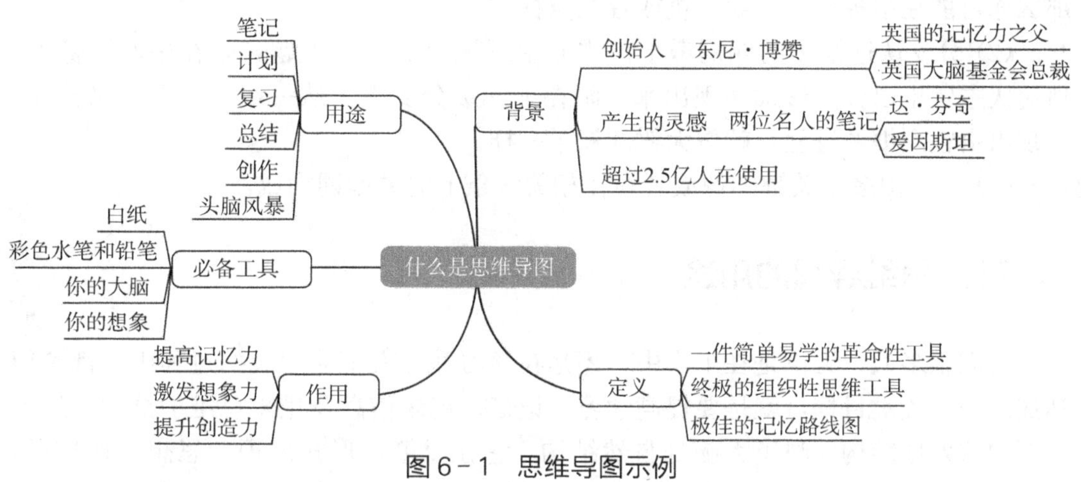

图 6－1　思维导图示例

简单地说，思维导图是一种能高效率地表达思维轨迹的思维工具，每张思维导图只能有一个主题。如果我们想表达两个以上的主题，那就需要画两张以上的思维导图。主题部分一般都是图形，被放置在一张思维导图的中央。剩下的部分统统是思维导图的分支，分支由关键词和紧贴在关键词下面的曲线组成。就像一棵大树，主题为树干，而各种放射性思维则构成了树的枝丫。

思维导图运用图文并重的技巧，把各级主题的关系用相互隶属与相关的层级图表现出来，将主题关键词与图像、颜色等建立记忆链接。

三、思维导图的特征

思维导图是一种可视图表，一种整体思维的工具，可应用到所有认知功能领域，尤其是记忆、创造、学习和各种形式的思考。它被描述为“大脑的瑞士军刀”（见图 6－2）。

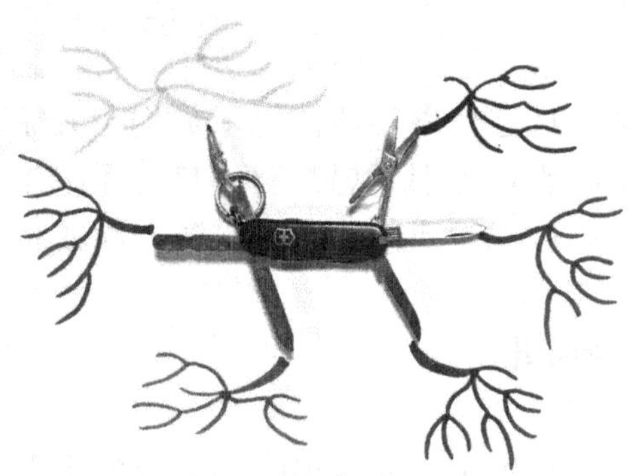

图 6－2　大脑的瑞士军刀

（1）中心图像用来表达主要内容。例如，如果你使用思维导图筹划一次旅行，那么你可能在中央放上一架飞机或者景点标志。

（2）分支从这幅图向四周散射。中心主题被分成各大主题，附在中心图像上，然后次主题也以分支形式表现出来，附在上一级分支上。从一级分支至二级分支，呈现出由粗到细的过程，就像大树的枝丫一样。

（3）分支由多个关键图像或者写在相关线条上的关键词构成。

四、思维导图的用途

我们很多人，无论是在工作中，还是在学习和个人事业发展的过程中，都希望达成的一个关键目标，就是要提高学习、记忆、记录信息及逻辑思维的能力。思维导图的放射性结构反映了大脑的自然结构，它让以笔记形式出现的思想快速扩展，从而得到一张所有的、有内在联系的、相关的、清晰和准确的图。这样，一个想法就可以很快而且非常深刻地生发出来，同时又能清晰地集中于中心主题。随着人们对思维导图的认识和掌握，思维导图可以应用于生活和工作的各个方面，包括学习、写作、沟通、演讲、管理、会议等，运用思维导图带来的学习能力和清晰的思维方式会改善人的诸多行为表现。

(1) 在个人方面，能提高个人的组织协调能力，以及分析问题和解决问题的能力。

(2) 在学习方面，能更好地提升我们的学习速度和效率，使我们更快地学习新知识与复习整合旧知识，形成系统的学习和思维习惯，并且加快实现目标的速度，包括快速地记笔记，顺利通过考试，轻松地表达沟通、演讲、写作等。

(3) 在工作方面，能被运用到会议、评估、头脑风暴等范围，激发我们的联想与创意，将各种零散的智慧、资源等融会贯通为一个系统。

思维导图的运用能让人们最大限度地利用自己潜在的智力资源。用一句简单的话来说，它可以应用在我们的生活、学习和工作的很多方面，可以帮助我们思考问题、解决问题，使我们的思维可视化，最大限度地使我们的大脑潜能得到开发。

五、手绘思维导图

思维导图的有效性在于它多样的形状和形式。思维导图从中央发散出去，运用曲线、符号、词汇、颜色及图片，形成一个完全自然的有机组织。每当看到树叶的叶脉或树木的枝干，我们就看见了大自然的“思维导图”。思维导图模仿脑细胞的无数突触和连接，揭示了我们身体的产生和连接方式。就像我们一样，大自然也在不停变化和更新，也拥有与我们类似的交流结构。思维导图是一个天然思维工具，以大自然中这些天然结构的有效性和灵感为基础。

（一）联想练习

写下“幸福”一词，然后将它圈起来。以它为中心，画 10 个分支，如图 6-3 所示。在每个分支上写下自己一想到“幸福”就联想到的词。写下最先想到的词是至关重要的——无论它多么荒唐。如果想要加入更多的词，就多画几个分支。

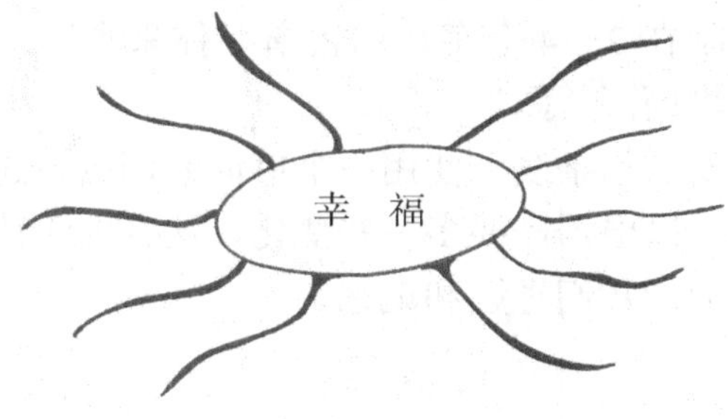

图 6-3 思维导图示例

想出 10 个词容易吗？我们想到的词不止 10 个吧，添加更多分支时，有没有一种“顺畅”的感觉？

大多数人发现一旦开始进行词汇联想，词与词之间便会一直连锁下去。这有点像网上链接，读完这个内容，链接又会带我们到另一个内容，周而复始。大脑就以这种方式工作，思维导图也以这种方式工作。思维导图打开了联想和连接的通道，激活了自由思考和创造的潜力。

（二） 画图练习

几百年来，人们都以为思考的主要形式是词汇。但是现在，人们已经意识到思考的主要形式是图片和联想。人们使用的词汇只不过是传递大脑间图片意象的货船。例如，我们提到“苹果”这个词汇，几乎可以对它进行瞬间搜索，苹果的意象几乎是瞬间出现的。在大脑决定搜索它之前，这个意象在哪里？其实意象早就存储在我们的大脑里了，我们需要的仅仅是调动它。由此得知，我们是以图片而非词汇的形式进行思考的。

思考与练习

用一大张白纸和一些水彩笔完成下面的练习。

与前面讲解的“幸福”练习一样，不同的是，放在中央的是一个图画，围绕这个中心图画的 10 个分支中，每一个分支上都画着一些“联想”画。

开始的时候，画“家”是个好主意，因为它可以提供很多机会，让人产生联想，一个图接着一个图地画。想象自己心中家的样子，然后把它画出来。从这幅图片上延伸出 10 个粗枝干，用不同的颜色把它们区分开来，并在每一个枝干上画上与家相关的图画。思维导图的分支通常是放射式层级的，越重要的内容越靠近中心，由内向外逐渐扩展。画分支时通常从时钟钟面 2 点钟的位置开始，顺时针画。阅读思维导图自然也是从这个位置开始。

（三） 提取关键词

关键词通常是名词，占总词汇量的 5%～10%。我们使用思维导图比传统的笔记所用的词汇量少得多，这意味着无论是记忆还是阅读，我们将节约 90% 以上的时间。每个关键词尽量控制在 2～4 个字，用正楷字体来书写，以便记忆时区分，同时通过想象来帮助大脑将词汇“图形化”。

词汇写在线条的上面，每条线上使用一个单词或词语，这样可以触发更多的想象和联系。字体字形都可以根据需要多一些变化，这有助于我们按照一定的视觉节奏进行阅读，同时也有助于我们理解和记忆。

（四） 绘制连线

连线与所写的关键词或所画的图形等长，太短显得过于拥挤且不美观，太长则浪费空间。保证每条连线都与前一条连线的末端衔接起来，并从中心向外扩散。如果连线之间不衔接，那么在回忆的时候，思维也会跟着“断掉”，从而导致记忆的断层。

连线从中心到边缘逐渐由粗变细，就像一棵树，树干比较粗，树枝比较细。从中心延伸出来的主干最好不要超过7个［大脑的短时记忆一次能记住（7±2）个信息片段］，因为主干过多时不利于记忆，而且理解起来也更困难。

连线用较自然的波浪状分支，这样能向外引导我们的视线进行阅读。同时，使用波浪线也能更有效地利用纸上的空间，可以让我们的眼睛感受线条或内容的视觉节奏，而不易造成大脑的视觉疲劳。

（五） 运用色彩

每个人天生就喜欢色彩，我们生活的环境同样也是一个五彩缤纷的世界。与其用白纸黑笔写一些单调的文字，不如用特别的纸张、水彩笔或彩色铅笔来创作。可以去文具店找些不同的笔，如油性笔、荧光笔、香水笔等，用它们来标注我们的关键词，画不同的线条。不要小瞧这些小小的改变，不同类型的笔也能触发我们的灵感和记忆。

（六） 使用箭头和符号

思维导图是一种能帮助我们增强对事物理解的方法，使我们了解信息是如何相互联系在一起的。当同一个词汇出现在两个或更多的分支上时，说明这个词汇是一个新的主题，贯穿在我们的笔记中。如果利用传统的线性笔记形式，就不容易发现。当我们发现一个单词出现在不同的分支上时，用一个箭头连接它们，这样我们的记忆也随之连接了。字母和文字是一种象征符号。同样，马路上的交通标志、计算机中的图标、五线谱、数字等都是符号。可尝试把自己经常在思维导图中使用的符号整理一下，建立个人的符号库。我们还可以用符号来进行速记，例如，一个词语在思维导图里出现了多次，我们可以用一个符号代替它（如用五角星），这样，下次再出现时，只要画一个五角星就可以了。

我们也可以在思维导图中使用颜色标记，如在备忘录中用红色表示紧急的事，用蓝色表示需要他人支持的事，用绿色表示已经完成的事。对于相关的概念或想法，我们同样可以用一种颜色来表示。

（七） 触发感官技巧

闭上眼睛，做一个深呼吸，想象我们最喜欢吃的水果，它是苹果、橘子，还是菠萝？它是什么形状？什么颜色？用手触摸它的表皮时手有什么感觉？它闻起来是什么味道？想象我们最熟悉的朋友，她或他有什么与众不同之处？我们是怎么把她或他从人群中区分出来的？她或他的相貌、身材、走路的姿势以及最喜欢的事物是什么？用我们的鼻子深深地吸一口气，想象她或他身上香水的味道是怎样的等。通过这样的想象练习可以增加我们的感官体验，增强我们的理解力和记忆力。任何经历都是我们所有感官体验的总和，所以，要在思维导图中加入文字、图片，以便唤起我们其他的感官体验。

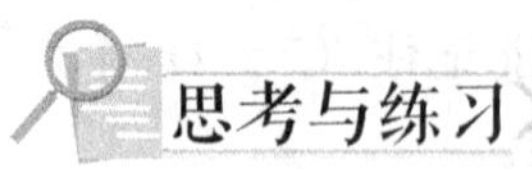

思考与练习

结合以上步骤和要点，继续完成关于“幸福”的练习。

第三节 思维导图软件的使用

一、计算机绘制思维导图

在任何需要产生想法、捕捉信息、解决问题、做出决策、学习或组织的情况下，都可以使用思维导图。手绘思维导图本身的手绘过程让它比计算机思维导图具有更高的创造性。然而，在很多我们想制作思维导图的情况下，计算机绘制思维导图能够更快地产生结果，并具有更大的灵活度。很显然，不管是手绘思维导图还是计算机思维导图，对个人、教育及专业产出都很重要。在当今这个高速运转的信息时代，利用全新的科技和工具辅助大脑正变得日益重要。

二、常见思维导图软件简介

计算机软件所具有的强劲性能组合可以从多方面帮助大脑进行有效的思维过程。除此以外，还有许多独立的软件程序和网上应用程序可供使用，其中一些能够提供以下功能。

- 自动产生干净、绚丽的思维导图。
- 随心所欲地编辑和加工思维导图。
- 用一系列工具对数据进行高级分析和处理。
- 在 OutLook 等软件分享并展示思维导图。
- 将思维导图转变成不同的沟通和报告形式。
- 自始至终组织、执行并跟踪项目。
- 与外部信息源相连。

目前市场上常见的思维导图软件有很多，如 iMindMap、MindManager、XMind 等。

iMindMap 具有传统手绘思维导图所不具有的便携性。例如，单击并拖动鼠标，或者直接在平板电脑或互动式电子白板中拖画，便能创作出自由流畅的分支。我们甚至可以将自己创造的图片插入思维导图之中！

MindManager 是一款功能强大且易于使用的思维导图制作软件（见图 6－4）。它不但可以用文件菜单、工具栏按钮或快捷键建立新文件、插入主题分支、格式化图形等，而且提供了丰富的模板和图标图像，并可方便地添加电子表格、图片、超链接、Word 文件等。它可以将创作的思维导图导出图像文件、Word 文档、PowerPoint 幻灯片、PDF 文件或另存为网页等，具有大纲和视图模式，便于编辑，同时还能够实现网上团队协作共同完成一项思维导图的制作工作。

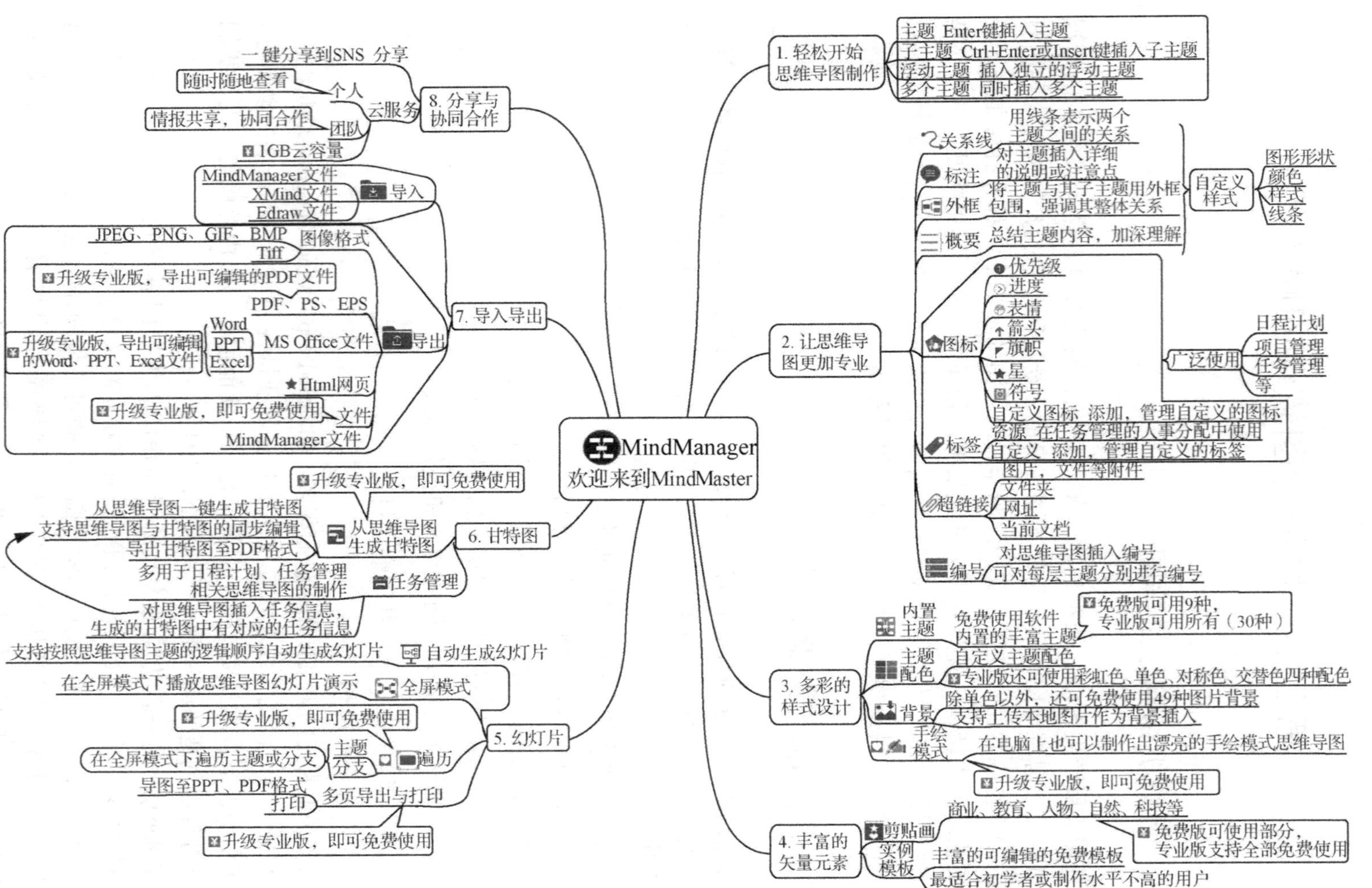

图6-4 使用MindManager绘制思维导图

XMind是一款顶级商业品质的思维导图（mindmap）和头脑风暴（brainstorm）软件，易用性很强，如图6-5所示。人们可以通过XMind随时开展头脑风暴，快速理清思路。XMind绘制的思维导图、鱼骨图、二维图、树状图、逻辑图、组织结构图等以结构化的方式来展示具体的内容。人们在用XMind绘制思维导图的时候，可以时刻保持头脑清晰，随时把握计划或任务的全局，提高学习和工作的效率。

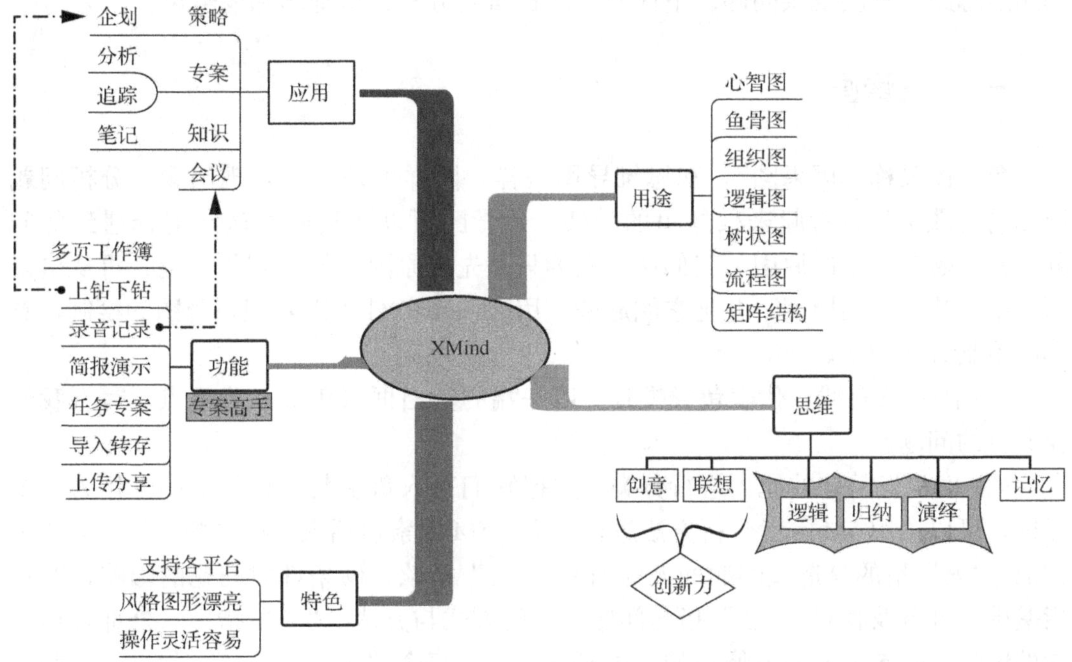

图6-5　使用XMind绘制思维导图

第四节　其他结构化思维呈现方法

除思维导图以外，还有几种思维呈现方法也同样能用计算机软件绘制，帮助我们拓展思路、解决复杂问题。下面介绍两种重要方法：鱼骨图和逻辑树。

一、鱼骨图

鱼骨图又称“因果图”，和思维导图一样，同样也是一种发现问题、分析问题原因的有效工具，看起来很像鱼的骨架。鱼骨图可以让我们确认和解释遇到的问题，并判断其发生的原因。我们所要做的只是先把原因“挂”到骨架上，再从诸多原因中查找真正的原因，并把它圈起来。用XMind软件可以实现鱼骨图的绘制，具体的绘制方法如下。

（1）画一条直线，代表鱼脊椎骨。以一端的空白框（鱼头）为顶点，写上我们要分析的问题。

（2）对引发问题的原因进行分类，并把它们写入鱼主刺末梢的框中，作为主要原因。可以采用5M因素分析方法进行分类。5M因素包括人、机、料、法、环5个方面。“人”指的是造成问题的人为因素；“机”指软、硬条件对问题的影响；“料”指基础的准备及物料；“法”指与问题有关的方式与方法；“环”指内、外部环境因素的影响。这5个方面就像鱼的“主刺”一样，每个“主刺”上还有很多“小刺”，这些“小刺”就是与各“主刺”相关的信息，是更细致的原因，这样就构成了一条鱼骨架，如图6－6所示。

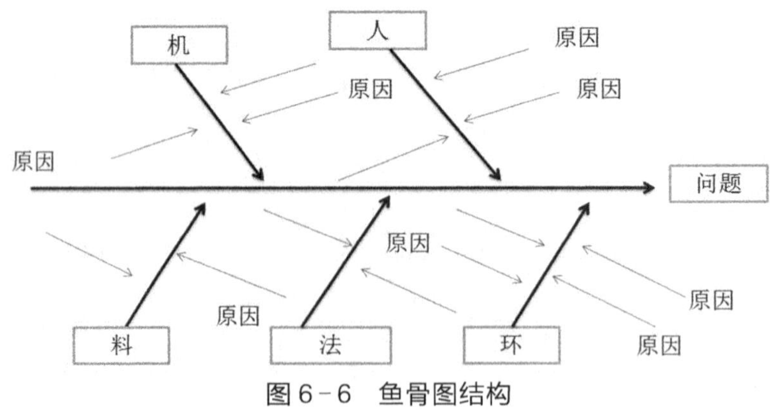

图6－6　鱼骨图结构

鱼骨图绘制完成后，要分析有哪些原因引发了此类问题，尽量查找问题更具体的原因，并把它们圈出来。

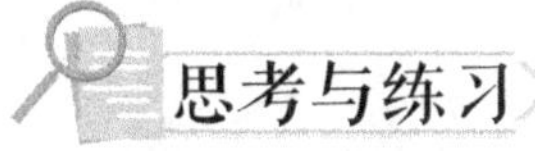

找出最近遇到的一个问题，尝试用鱼骨图进行分析，找到问题的原因。

二、逻辑树

逻辑树也被称为问题树、演绎树或分解树，是目前全球最大的咨询公司麦肯锡公司分析问题时最常使用的工具，如图 6－7 所示。逻辑树将问题产生的相关因素分层罗列，从最高层开始，并逐步向下发展，帮助解决问题者看清问题的结构。逻辑树的本质就是分类，它能帮助人们理清自己的思路，不进行重复思考。

在长期的解决问题的过程中，人们形成了许多的问题分析框架。这些分析框架就是逻辑树，我们要善于借鉴这些逻辑树，以此提升原因分析的速度和效率。

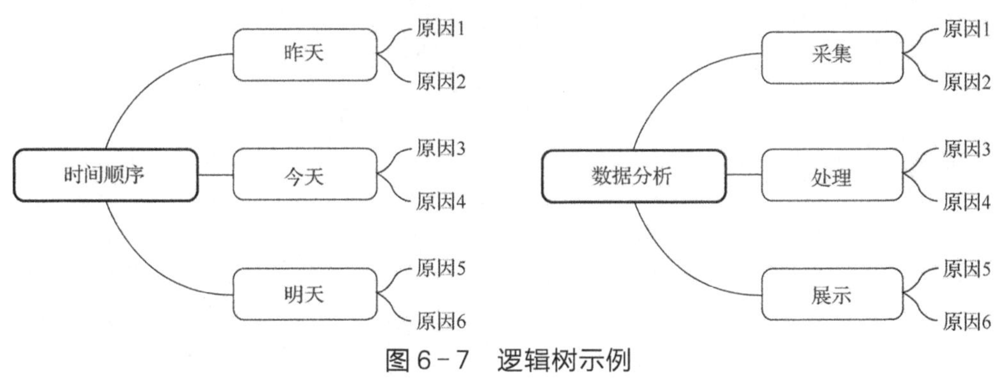

图 6－7　逻辑树示例

本章小结

本章通过对人类大脑的惊人构造和功能的介绍，重点讲解了思维导图的基本知识及计算机思维导图的制作方式，简单介绍了鱼骨图和逻辑树的使用方法。

请在下面写下自己的学习感受和收获，帮助自己进一步提高思维能力。

本章习题

1. 请以“我的大学生活”为主题，绘制一张思维导图。要求：关键词明确，分支关系清晰，色彩鲜明，并配合小图标的使用。优秀作业将在公开场合进行展览和评比。

2. 请围绕《大数据导论》一书，用计算机思维导图整理出知识点，并以小组为单位，进行小组汇报和演示。

第七章 精准表达

本章重点

◎不做唠叨先生
◎结构化思维表达
◎用数据说话
◎PPT 制作
◎工作汇报

本章难点

◎学习如何进行精准表达
◎掌握结构化思维表达
◎学会用数据说话
◎了解并掌握制作 PPT 的技巧
◎明确工作汇报的技巧

假如我们想与指导教师沟通创业大赛的想法，我们能抓住的时间是与对方一同乘电梯的短短 60 秒钟，我们要如何在 60 秒钟内精准表达，让老师对我们的想法产生兴趣？在决赛讲台上，我们需要去介绍我们小组本次参赛作品的创意方案，我们事前做了充分的准备，PPT 就做了近 100 页，而在会议开始前 5 分钟，忽然接到通知，要求在 5 分钟内介绍完方案，我们要如何去压缩内容，如何去表达？我们在日常生活中离不开表达，无论是去购物，还是去谈赞助，如果说话絮絮叨叨，没有重点，既浪费时间，又难以达到预期的效果。因此，学会精准表达是十分必要的。

本章主要讲解构建结构化思维，精准表达，用数据说话，PPT 的制作以及做好工作汇报的方法。

第一节　不做唠叨先生

善于表达的人，无论走到哪里，都会快速捋顺周围的人际关系，并且很容易得到陌生人的好感。相反，不善于表达的人，则会让周围的空气迅速冷淡下来，让彼此尴尬万分。由此可见，拥有好的表达能力多么重要，但是并不是能说的人就是会表达的人。我们身边也常常聚集着絮絮叨叨的人、说空话的人、逻辑混乱的人，而在和这些人沟通时我们常常摸不到头绪，这是为什么呢？因为他们大多在表达时不说重点。因此，想要训练出好的表达能力，学会精准表达势在必行。

一、 Why——学习精准表达的必要性

1. 精准表达有助于我们节约时间

在这个变化飞速的时代里，时间体现出的价值越来越大，因此人们常常说“一刻值千金”“一寸光阴一寸金”，以此来形容时间的珍贵。精准表达可以帮助我们在与他人交流的过程中，节约时间，提高效率，避免无效沟通。举个简单的例子，当我们因为一件事批评他人、教导孩子或者与别人争论时，如果能逻辑清晰、精准地表达出要点，所达到的效果远远好于漫无边际的口无遮拦。

2. 精准表达有助于我们抓住机会

常言说：“机会是留给有准备的人的。”当我们准备得非常充分时，却发现自己讲不出来，那机会仍然会偷偷溜走。良好的表达是我们成功路上必不可少的铺路石，做好精准表达可以帮助我们在必要时抓住机会。例如，面试时的几分钟里，精准表达能快速地给面试官留下好印象；在路上与领导偶遇，通过精准表达，能快速让领导了解我们目前手头项目的进展情况，甚至帮我们解决自己目前所遇到的困难等。

3. 精准表达有助于我们更好地进行时间管理

有计划、有目的地培养自身精准表达的能力，可以更好地增强我们的时间意识。要明确完成一件事情的表述，大致需要用多长时间，每次给自己设定一个固定的时间段去训练自己清楚地表达一件事，然后不断地减少时间设定，最终达到能在1分钟内清楚地表述一件事情，久而久之，我们的时间观念会越来越强，自然而然，就能很好地判断完成一件事情大致需要多少时间了。

二、 What——什么是精准表达

案例

张老师要求小明去找王老师交涉一下活动细节，小明在向张老师做汇报时，是这样说的："张老师，我早上去找王老师谈活动细节，按照约定的时间，我早上9点就过去了。可是左等右等他一直不来。后来他来了，说很忙，还要开个会，让我再等一会儿。等到中午12点他还没来，我想去吃饭，但是又怕他正好这个时候回来。想给他打电话，又怕打扰别人开会。于是我就打算再等等，结果没想到一直等到下午一点多。我中午饭都没吃……"

【分析】张老师听到这样的汇报，会有何感受?

精英们大多有一个共同点，就是重视时间。时间就是效率，除了工作，日常生活中也是如此，谁也不愿意把时间浪费在毫无意义的闲聊上，因此做到精准表达越来越重要。

精准表达就是指能够逻辑清晰地明确表达，说1句胜过别人说10句。它能帮我们解决讲话没有重点的烦恼，让我们把话说得明白、说得到位、说得得体、说得出色。

学会精准表达就是学习一门简单说话的艺术，是能把话说到点子上，开口就能讲重点，把自己的观点清晰地传达给对方，而不是迷失于繁杂、冗长、毫无重点的话语中，让听者头疼，让自己烦恼。

三、 How——如何做到精准表达

1. 言简意赅，表达重点

所谓言简意赅，就是指在说话时要做到简洁、精炼，用尽可能少的语言表达主题。要做到言简意赅，就应该消除语言中不必要的重叠词语、口头语等，使表达清晰明了，不带累赘成分。

在日常沟通表达中，很多人习惯加一些自己喜欢的词汇，认为这样会让自己的表达看起来更自然，结果只是增加了沟通的障碍，适得其反。如"你知道""就我所知""你明白吧""是不是这样"等诸如此类的表达，这些都是语言中毫无意义的累赘成分。除此之外，还有一些口头语，如"那么""嗯""啊""就是""还有"等。

除了语言外，肢体动作也会有累赘成分，如一些不良的行为习惯，包括叹气、清嗓子、眼神飘移、翻白眼、左右晃动等。在提升表达能力的课堂上就曾经出现过行为举止存在弊病的案例，站在台上演讲的同学不断地左右摇晃，最开始台下的同学都在认真听，到最后所有的同学都开始低头，没有人关注他在上面说了什么。演讲者自身也很烦恼，是不是自己不受欢迎，所以大家都不愿意听他的演讲。其实问题很简单，他自身不断晃动，频率过高，就会让听众把注意力转移到他的姿态上，容易产生视觉疲惫感及困意，接下来注意力就分散了。

在表达时，要尽量避免口头禅。口头禅对演讲毫无意义，不仅会影响表达效果，而且容易被他人当作笑柄。因此，在表达时，尽量不说口头禅。

2. 开门见山，直奔主题

除了要消除语言中的累赘成分，我们还要在表达时突出重点。大多数口才出色的人，表达观点时都是简短有力的。如果能用简洁的话语表达明确，又何必长篇大论呢？高明的表达方式应当是抓住精髓，一语中的，不旁生枝节。在沟通表达中，开门见山，直奔主题的方式既能让对方快速了解我们的观点，又能节约时间，对于职场时间紧迫的场合而言是非常受欢迎的表达方式。

3. 口有遮拦，恰当表达

有的人在与人沟通时经常口无遮拦，想什么就说什么，往往会让听者浑身不自在。他们通常最后会加上一句“我这个人就是说话直接”，但这并不能改善他们在听者心中的无礼形象。我们说表达可以直奔主题，但并不代表鼓励大家想什么就说什么，说出的话不经过大脑思考。如果我们说话过于直白，甚至完全直截了当地去表达，只会适得其反，让人不舒服。我们提倡说话简明扼要，但同时也要经过思考加工，让自己能够恰当表达。

第二节 结构化思维表达

一、什么是结构化思维

结构化思维是指在思考、分析、解决问题时，以一定的范式、流程顺序进行。首先以假设为先导，对问题进行正确的界定，假设并罗列问题构成的要素。其次对要素进行合理分类，排除非关键类别，对重点类别进行分析，寻找对策，制订行动计划。

结构化思维方法就是以事物的结构为思维对象，以对事物结构的积极建构为思维过程，力求得出事物客观规律的一种思维方法。布鲁纳指出："掌握事物的结构，就是以允许许多别的东西与它有意义地联系起来的方式去理解它，简单地说，学习结构就是学习事物是怎样相互关联的。"

二、结构化思维的特征

1. 以假设为导向，严格的结构化

"以假设为导向"的思维方法是一种结果逆推的思考方式，具体包括：首先定义问题（或目标），列举所有可能的答案（或道路），然后运用排除法，找出相对最优解（最近的道路）。由于思考环境都带有一定的不确定性，在正向推进思维时会因思维过于发散而难有结果。而从结果逆推的思考方式，可以一步步缩小选择范围，最终使我们的思考聚焦于那些最有利于实现目标的方面。

2. 以终为始，运用 3P 原理

3P 原理指的是 Purpose、Principle、Process。

Purpose——目的：指的是当我们在做一件事的时候，首先要考虑其目的，明确目的后，再确定是否有实现的方法及衡量标准。

Principle——原则：确定开展工作所需要遵循的基本原则，根据这些原则选择相应的流程和方法。

Process——流程：考虑要实现最终的目标所需要开展的工作，这些工作所需要的时间和资源，以及应该如何匹配时间和资源才能确保工作的有效控制。

总体来说，结构化思维的特征就是具有清晰的目标，对实现目标所需的资源进行高度概括和全面分析，并且确定达成目标的具体方法和计划。

三、结构化思维的步骤

现实生活中，我们经常会用到结构化思维，只是我们没有察觉到。试想一下，如果我们有一所房子，要对它进行装修，我们该怎么做？

当我们要对一所房子进行装修时，通常会对房子的装修风格进行设计。完成设计图稿后，我们需要计划一下整体的预算及完成装修的时间。接下来我们要确定装修材料、需要多少人力来完成它。根据装修方案确定装修计划：什么时间买哪些材料，材料进场时间，开工时间，中间验收时间，终验时间，最终验收等。

其实，我们装修的过程就是一个简单的通过结构化思维来完成的系统工程。

（1）决定装修方案—确定目标。

（2）需要的材料、人员的计算、用多少预算、花多长时间来完成—资源分析。

（3）对装修过程进行管理—制订计划。

简而言之，结构化思维的步骤就是确定目标—资源分析—制订计划。

四、结构化思维的作用

结构化思维的本质就是逻辑，它是将零散的思维、灵感、知识、信息、数据等用一种框架收拢起来，让繁复的问题简化，并获得一种分析的方法，甚至是量化的工具，使我们可以透过现象看事物的本质。长期进行结构化思维训练，可以提高我们系统分析问题及统筹规划工作的能力，使我们的思维及表达更加缜密、灵活和有条理。

结构化思维是一项重要的管理技能，掌握了这一管理技能，我们将在职场竞争和市场竞争中，获得以下优势。

（1）能够快速完成方案，而且条理清晰，重点突出，获得老板的赏识，客户的青睐。

（2）能够制订出周密的商业计划，从而牢牢地控制住企业生命线。

（3）能够有条不紊地处理各种复杂问题，在纷繁的市场上，先人一步走向成功。

（4）能够有效地安排好学习与工作，快速掌握新岗位、新工作所需知识，获得更多的发展机会。

五、如何培养结构化思维

结构化思维，首先是一种思维方式，其次才是一种管理方法。因此，初学者需要经过有意识地持续训练，才能培养起这样的思维方式和思维习惯。“好记性”不如“烂笔头”，纸和笔是训练结构化思维的最有力的工具。

1. 勤于写作

任何一篇文章都是结构化思维的产物。很多人觉得写东西太难，其实症结不在于对文字的把握，而恰恰是缺乏对思维结构的把握。所有文章，必然有中心思想，这就是结构化思维中的“确立目标”；为了表述这个中心思想，必然要分段陈述，各个段落有各自的段落大意，来支持中心思想，这个就是结构化思维中的“资源分析”；提纲出来以后，分段展开陈述形成文字，就是结构化思维中的“制订计划”。很多人写文章写着写着，要么写不下去了，要么跑题了，反复几次后就失去了写作的信心。其实在此刻遇到的障碍，主要原因是结构化思维训练的不足，只要抱着哪怕推翻重写的决心坚持写下去，就能突破结构化思维培养过程中的自身障碍，持之以恒，结构化思维就会成为自己固有的思维习惯。

2. 养成好习惯

在日常学习生活中，要想解决复杂问题，需要养成良好的习惯。当我们遇到问题需要进行决策时，可以按照下面的方法去做。

(1) 在纸上尽可能地写下我们能想到的目标，此时不需要细致考虑，想到什么就写什么。

(2) 在目标的后面列出实现它所需要的各种资源，暂时不要考虑资源的冲突性，这样做有助于我们对每一个目标都考虑周全，而不瞻前顾后。这时我们已经具备了几个备选方案，给它们编上序号。

(3) 结合资源冲突，对备选方案进行评估，针对每一个编号方案罗列出“优势”与“风险”。

(4) 以“两害相权取其轻”为原则，在备选方案中选择最优方案，并对其进行精加工，形成可执行方案。

六、 结构化思维表达——金字塔原理

案例

小张在一家贸易公司做总经理助理，周三早上，老板把小张叫到办公室，通知他尽快安排一个会议，要求公司的张总、李总、王总都要参加会议。于是，小张回去后，立刻开始沟通此事，具体情况如下：张总一直在公司，但是今天没有时间参加会议；李总出差了，明天下午才能回公司；王总周五下午要外出没有空。关于会议室，小会议室周三、周四没有预约，可以使用；大会议室只有周五可以使用。

【分析】小张应该怎么向老板汇报？

对于这个问题，大致有两种汇报方式。

(1) 老板，张总今天没有时间，李总出差了，周四下午才能回来，王总周五下午要外出没有时间，周三、周四小会议室可以使用，周五大会议室可以使用，我们的会议定在周五上午 10 点在大会议室召开，您看可以吗？

(2) 老板，会议定在周五上午 10 点，在大会议室，可以吗？会议室周三到周五都可以用，但是三位老总只有周五上午才可以一起参加会议。张总今天没有时间，李总出差了明天才能回来，王总周五下午要外出。

老板会更愿意听哪种汇报呢？

对老板而言，目的就是想知道什么时间可以开会，如果是第一种汇报，老板需要听到最后才能知道我们想表达的是什么，没有逻辑，仿佛在记流水账，也许老板会建议我们提高表达能力。第二种汇报，老板可以不关心后面的具体原因，就能知道结果。其实这里就涉及了我们在做事、写作、表达时应该遵循的金字塔原理。

（一） 什么是金字塔原理

1973 年，麦肯锡国际管理咨询公司的咨询顾问巴巴拉·明托（Barbara Minto）发明金字塔原理（pyramid principle），旨在阐述写作过程的组织原理，提倡按照读者的阅读习惯改善写作效果。因为主要思想总是从次要思想中概括出来的，文章中所有思想的理想组织结构也就必定是一个金字塔结构——由一个总的思想统领多组思想。在这种金字塔结构中，思想之间的联系方式可以是纵向的——任何一个层次的思想都是对其下面一个层次的思想的总结；也可以是横向的——多个思想因共同组成一个逻辑推断式，而被并列组织在一起。

如今，金字塔原理不仅用于提升我们的写作能力，而且还被更加广泛地应用于思考、沟通表达、解决问题和开发培训课程中，它是培养我们结构化思维的一种很好的方式。

有研究表明，人们在短时间内最多只能记住 7 个内容，大多数只能记住 3 个内容，巴巴拉·明托认为所有的内容都可以归纳出一个中心论点，当我们必须处理多于 3 个内容时，就会主动把这些内容进行归类分组，处理成 2～7 个论点论据，然后再依次延伸，每一个论点又处理成 2～7 个论据，如图 7－1 所示。

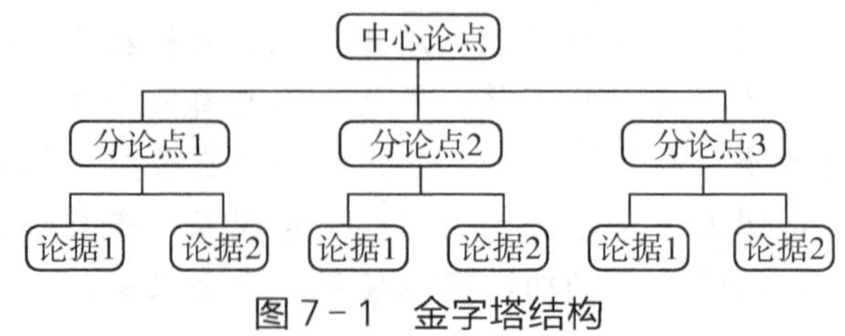

图 7－1　金字塔结构

（二） 金字塔原理的原则

金字塔原理必须遵循 4 个原则，总结起来就是 16 字原则——结论先行、以上统下、归类分组、逻辑递进。

(1) 结论先行。先归纳出中心思想。

(2) 以上统下。上一层论点一定是下一层分论点的总结概括。

(3) 归类分组。每一组都是同一个范畴。

(4) 逻辑递进。每一层中的思想都需要按照逻辑顺序来递进。

（三） 金字塔原理的作用

案例

周日的清晨，丈夫想出去透透气，顺便买包烟。“亲爱的，我想去买包烟，你有什么需要我带的吗?”

妻子在丈夫走向衣架时说：“太好了，看到电视上那么多葡萄的广告，我现在特想吃葡萄，也许你可以再买袋牛奶。”

丈夫从衣架上拿下外衣，妻子则走进了厨房。“我看看咱们家的土豆够不够。对了，我想起来了，咱们已经没有鸡蛋了。我看看，对，是该买一些土豆了。”

丈夫穿上外衣向门口走去。妻子喊：“再买些胡萝卜，也可以买些橘子。”

丈夫打开房门。妻子喊：“还有咸鸭蛋。”

丈夫开始按电梯。妻子喊：“苹果。”

丈夫走进电梯。妻子喊：“再买点儿酸奶。”

“还有吗?”“没有了，就这些了。”

接着，这位丈夫出门买了烟，在风中凌乱了好久，心想：妻子刚才让买啥?

为什么我们要使用金字塔原理呢？因为金字塔原理可以让我们轻松应对问题思考、交流表达、下笔写作等。金字塔原理可以帮助我们在思考和解决问题时，思路清晰，思虑周全，快速抓住问题的要点；在交流表达时，逻辑清晰，重点突出，层次分明；在演讲时，让听众有兴趣、能理解、记得住；在下笔写作时，能快速搭建框架结构，组织语句的顺序，行文条理清晰，让人看得懂、愿意看、记得住。运用金字塔原理的好处有很多，如节省时间、逻辑更简单、让沟通更加方便等，但其实主要有 3 点。

(1) 更有效地解决问题。当我们尝试解决某一个问题时，可以从上到下搜集论据，并且归纳出中心思想，这样不会跑题，直到解决问题。

(2) 提高工作效率。对老板而言，方便管理手下；对团队而言，方便协作。例如部门要写一个手工包的教程，我们非常清楚制作一个手工包需要哪些步骤，并且知道每一个步骤的顺序，然后把每一个步骤分给不同的人去写，几天后，将所有的步骤汇总到一起，一份完整的教程就出来了。这样管理有效，合作轻松。

（3）方便交流成果。当我们的教程已经写出来后，需要向老板汇报成果，我们可能拿着手工包或者教程给老板看，但当老板只给我们 3 分钟的时间来汇报时，我们只需要把最重要的步骤告诉老板就可以了。

第三节 学会用数据说话

随着社会的发展、科技的进步，大数据开始走进我们的视野，变得家喻户晓。数据的发展如洪水一般席卷开来，几乎渗透到每一个行业，数据不再无足轻重，人们对它的需求也越来越大。“运用数据信息进行推断、做出决策、提供方案”已成为一种现代社会普遍适用的思维方式，在这样一个用数据说话的时代，数据已经不单单是数字，还是一种资源，学会用数据说话已经成为当今职场人所必备的技能之一。

一、数据比故事更具有说服力

当今市场营销中，人们对内容的需求越发重要，很多商家为了迎合客户的喜好，会通过讲故事的方式来创建品牌、宣传品牌。但是在这样的营销过程中，为了吸引客户，大部分商家会在故事上动脑筋，以便让自己的故事内容更加精彩，可结果是人们开始怀疑故事的真实性，反而起到不好的效果。随着大数据时代的到来，越来越多的商家开始舍弃费神费力的“故事说”，踏上数据的“风火轮”，毕竟数据才最有说服力。

（1）大数据可以帮助我们准确定位目标人群，精准投放。在浏览网页时或许都会遇到这样的怪事：看了一堆的网页之后，再看到的广告都和自己感兴趣的内容有关，这究竟是怎么做到的呢？其实，这是因为网站使用了被称为精准广告投放的技术。精准广告投放技术可以根据广告主和广告内容，选择特定的目标用户和区域，采用文字、图片或视频形式，精准地将广告推送给目标用户。这么做的好处是可以根据用户的需求、喜好，有针对性地投放用户感兴趣的广告，大大提升广告的投放效果。例如，一位网友近期频繁搜索母婴用品，那么平台通过大数据分析，会在一段时期内向该用户推荐母婴用品的广告，这样取得的投放效果是原来的十几倍。

（2）大数据可以帮助企业降低成本。对企业来讲，最重要的就是客户，从大数据层面而言，每个客户都是数据源。当成千上万的客户积累到一个平台上时，就会形成成千上万的数据源，平台通过大数据技术，会得出新的规律，从而帮助企业了解客户，实施合理的营销策略，进而帮助企业降低成本。对电商行业来讲，大数据可以帮助企业降低从生产到物流环节的成本。对银行来讲，运用大数据技术，可以对客户进行数据分析，在信用分析的基础上为客户发放贷款数额或推销相应的金融理财产品，降低银行的风险，降低成本。

（3）大数据可以帮助企业为客户提供更好的服务。例如，医疗机构能根据居民健康档案、电子病历、公共卫生及综合管理等数据实时监测用户的身体健康状况；

教育机构可以为用户量身定制适合的培训计划；社交网络能提供合适的交友对象；金融机构能帮助用户进行个性化的理财计划和使用建议；道路交通、汽车租赁及运输行业可以为用户提供更适宜的出行线路和路途服务安排。

二、 如何用数据说话

案例

有两名鞋类推销业务员，被派往桃花岛进行市场拓展。两人一上岛就发现这里的居民全部赤脚，不穿鞋。业务员 A 一看这种情况，叹口气说："哎！完了，没啥市场。"业务员 B 却非常欢喜，马上联系老板说："桃花岛人口众多，但信息闭塞，这里的人全部赤脚，没有穿鞋子。在这个岛上鞋子市场没有竞争对手，我们可以独霸鞋子市场，真是可喜可贺！"

思考问题

1. 为什么两个业务员会有两种不同的看法？

2. 作为老板，接下来该怎么做？

在这个案例中，想要做出正确的决策必须要有切实的依据，这就离不开数据分析。当我们手中的数据充足时，是否会运用呢？

1. 用真实的数据说话

随着大数据的走红，数据的真实性也受到了考验。数据分析的基础就是真实准确的数据，打个比方，数据分析就像有米下锅做饭，米的质量如何，可能对做出来的饭有决定性的影响。在搜集数据时，我们首先要保证数据的真实性。所谓用真实的数据说话，就是指在说话之前，先审核数据的真实性。如果最初的数据是不真实的，结论就没有什么可信度。

2. 面对同一个数据，不同的人会说不同的话

对于同样的数据，不同的人会有不同的看法，这是因为人们看问题的角度、切入点不同，产生的认识也不同。数据本身不能带来价值，真正的价值在于对其精准分析。正如中国商业联合会数据分析专业委员会数据中心主任赵兴峰所言，"大数据时代，数据是企业未来发展的'金库'，但是，如果企业只是简单存储数据，而不是分析数据，尽快挖掘'金库'里的'黄金'，它仍然可能死在半路上"。

思考与练习

请从不同的角度解读下面一则材料，然后用简明的语言陈述结论及其理由。要求角度明确，结论清晰，角度和结论一致。

某市《2017 年大学生消费状况研究报告》显示，2017 年该市大学生人均消费支出约 12 000 元（当年该市城镇居民人均纯收入为 71 863 元），其中 90% 的大学生拥有手机，67% 拥有个人计算机，46% 拥有数码相机。

3. 正确的决策需要有充分的数据去论证

有一个纪录片，讲述的是利用地震学家评价地震危险性的算法来预测城市中犯罪行为的高发地带，利用这些地区的监控抓捕了一批贩毒嫌疑人。这个案例之所以能成功，是因为背后有着充分的数据支撑——过去数十年的犯罪记录、犯罪地区位置及实时更新的信息等。利用大数据技术来计算犯罪活动和犯罪地点的关联性，最终得以预测未来。由此可见，一个决策的正确与否并不是想当然的，而是需要大量的数据去论证、支撑的。

第四节　PPT 制作

一、PPT 的含义

PPT 是 Microsoft Office PowerPoint 的简称，是微软公司开发的一款演示文稿软件。它可以帮助用户在投影仪或计算机上进行文稿演示，用户也可以把文稿打印出来制成胶片，应用到更广泛的领域。PPT 应用非常普及，在现实中的面对面会议、远程会议或者在网络展示中，都能看见它的身影。Microsoft Office PowerPoint 做出来的演示文稿，其后缀名为 . ppt 或 . pptx，也可以保存为 PDF 等文档格式，2010 及以上版本可以保存为视频格式。演示文稿中的每一页被称为幻灯片，每张幻灯片都是演示文稿中既相互独立又相互联系的内容。

随着 PPT 的普及，人们对其应用水平也逐步提高，应用领域也越来越广，PPT 已经成为我们日常工作生活中重要的组成部分，在工作汇报、企业宣传、产品介绍、婚礼庆典、项目竞标、教育培训等领域占有举足轻重的地位。

二、简单 PPT 的制作

PPT 文件通常包含片头、动画、PPT 封面、前言、目录、过渡页、图表、图片、文字、声音、影片、封底、片尾等。接下来介绍如何制作一个简单的 PPT。

(1) 打开 PPT（工作界面如图 7－2 所示），单击“开始”选项卡“幻灯片”组中的“新建幻灯片”按钮，新建页面（见图 7－3）。

图 7－2　PPT 工作界面

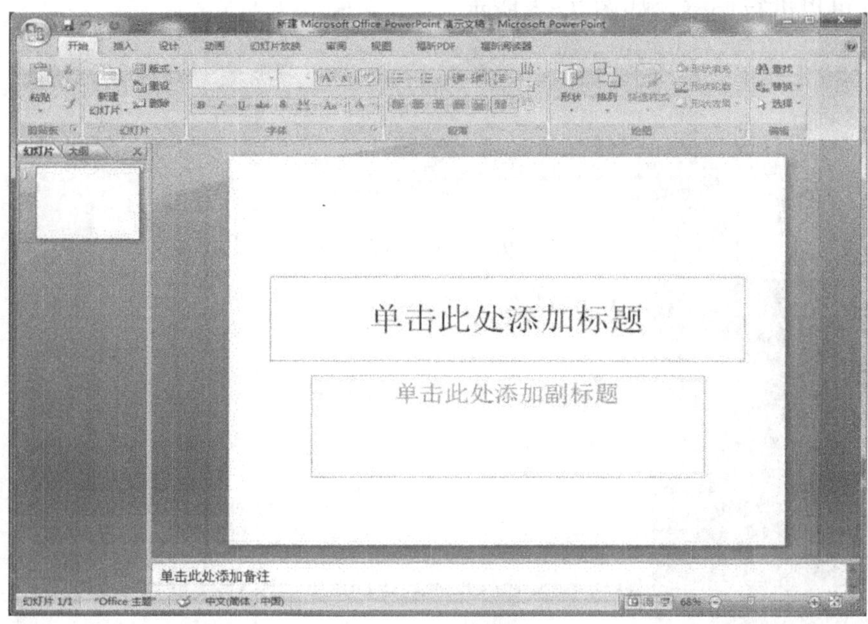

图 7-3　新建页面

(2) 根据个人习惯留标题框，插入文本框（根据需要选择横版或者竖版，如图 7-4 所示）。

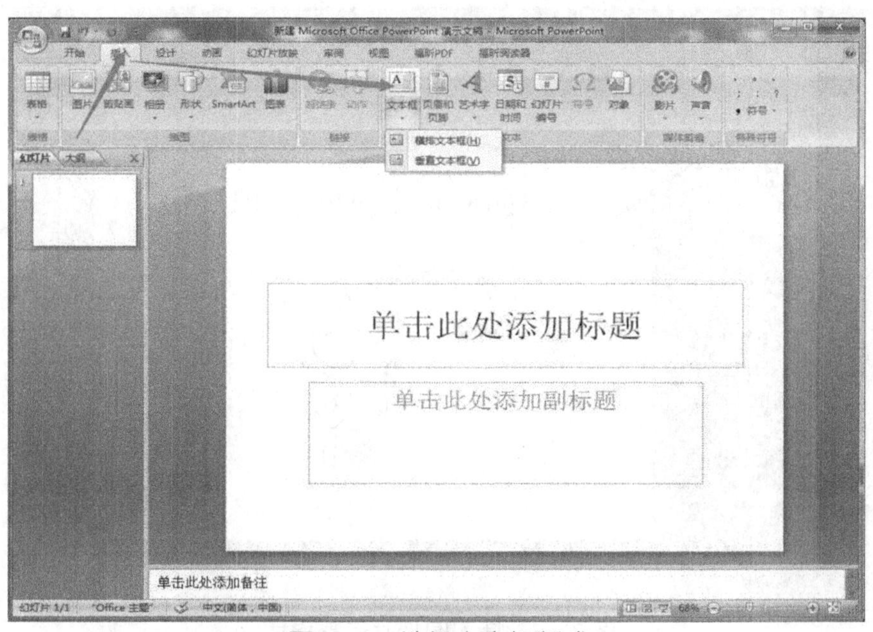

图 7-4　选择文本框版式

（3）输入需要添加的内容，可以添加多个文本框。文字的字号、字体、加粗、颜色等都可以进行调整，如图 7－5 所示。

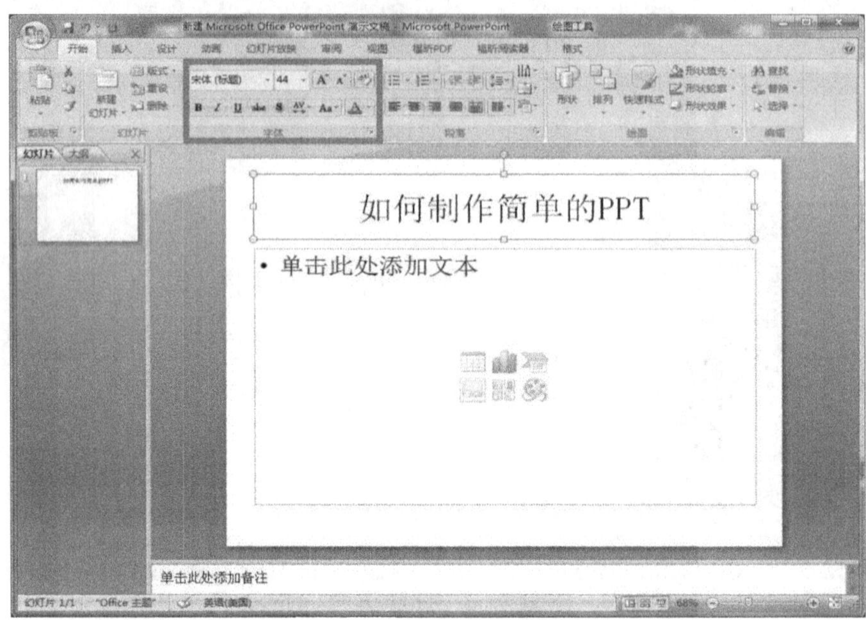

图 7－5　输入内容并调整格式

（4）插入图片并调整图片的位置、大小等，如图 7－6 所示。

图 7－6　插入图片并调整格式

(5) 完成一张幻灯片后，可以将鼠标指针放在左侧缩略图下面，单击鼠标右键，在弹出的快捷菜单中选择“新建幻灯片”命令，新建另一张幻灯片，如图 7-7 所示。

(6) 完成全部幻灯片后记得保存并命名 PPT，以便后续使用。

图 7-7 选择“新建幻灯片” 命令

三、 PPT 的使用技巧

PPT 已经成为当今社会的新宠儿，制作 PPT 已经变成立足社会必不可少的技能。无论是演讲、竞选，还是汇报工作、做报告，一份制作精良的 PPT 总能给人留下深刻印象，也更能打动听众，帮我们争取到更多的机会。一份精美的 PPT，除了能帮我们捋清思路，更重要的是帮我们赢得赞赏，达成目的，收获成功，获得自信。那么如何才能让我们的 PPT 脱颖而出呢？接下来介绍一些制作技巧。

1. 巧用模板

PPT 的模板如同演示文稿的外衣，一件光鲜亮丽的外衣必然让人耳目一新，相反一件颜色不搭、款式不协调的外衣就无法吸引他人眼球，甚至会给别人留下不好的印象。PPT 的模板在某种程度上决定了演示文稿的质量，尤其在大家内容水平都相当的情况下，好的 PPT 模板可以帮我们赢得许多印象分，我们更有可能因此而获得更好的机会。

只要有合适的模板，就可以直接添加各种素材，这样也提高了制作 PPT 的效率。一套好的PPT模板可以让一篇PPT文稿的形象迅速提升，大大增加可观赏性，同时也可以让介绍者思路更清晰、逻辑更严谨。目前社会上的PPT模板分类很详细，不同风格、不同行业也都有相应的PPT模板。

2. 减少文字叙述

在进行PPT制作时，初学者常常容易犯的一个错误就是全篇幅地进行文字叙述，这样做表面上看起来是方便展示，实则对整体展示效果而言有害而无益。把PPT当成Word使用，用大段大段的文字去堆砌，没有重点没有分类，怎么能取得好的效果呢？PPT是一个演示工具，长篇大论的PPT没人喜欢看，也没有耐心去看，所以PPT上面的字越少越好。如果字数实在不能减少，就要尽可能地分组、排列，以实现整体的美感。

3. 字体和谐

为了让自己的PPT更加吸引眼球，可发掘各种潜能去创新，其中字体是一个很好的突破口。传统的楷体或者宋体已经满足不了我们的需要，于是大部分同学开始利用艺术字，但是艺术字真的能达到我们想要的效果吗？图7－8所示的两张幻灯片，到底哪张更美观呢？

（a）示范一

（b）示范二

图7－8　幻灯片示例

两张幻灯片一对比，结果显而易见：图7－8（a）所示幻灯片的效果更好。其实，无论是楷体、宋体还是艺术字，在审美和识别上都不如无衬线字体。那什么是无衬线字体呢？无衬线字体指的是笔画粗细一致，没有笔锋的字体。推荐使用微软雅黑、思源黑体、方正兰亭黑体等。

4. 颜色搭配

我们在制作PPT时，要注意PPT的色彩搭配。PPT颜色并不是越多越好，一个五颜六色的PPT并不一定会让人赏心悦目，如图7－9所示。为了便于掌控，PPT颜色应尽量不超过3种，也可以根据主题的颜色来搭配，最好保持背景色是一种颜色、文字色是一种颜色。

图 7-9 幻灯片示例

5. 巧用动画

恰当的动画效果会为我们的 PPT 加分，可以提供给观众视觉上的享受。在 PowerPoint 2016 中有 43 种切换动画、100 多种页面动画，都可以为我们所用。但在运用动画特效时要注意，不能过度使用动画，如果使用不当，反而会弄巧成拙，显得幼稚。

6. 使用高质量的图片

在 PPT 的圈子里有一句话：“文不如表，表不如图。”一个好的图片，可以瞬间提升 PPT 的档次；当然很差的图片也能够瞬间毁掉一份 PPT。PPT 中要避免使用与主题无关的、带水印的、分辨率低的、拍摄水平差的图片。那么我们该去哪里找优质图片呢？在日常生活中遇到好的素材，我们可以用相机拍摄，也可以从专业图库购买。网络上也有很多优质图像资源可以选择，但要小心版权问题。这里推荐 3 个找图的网站——500px、pexels、摄图网。在使用图片时，尽量不要将小尺寸、分辨率低的图片简单拉伸，这会进一步降低图片的质量，影响 PPT 的效果。

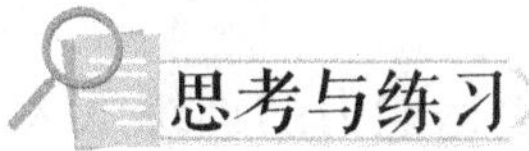

思考与练习

试着做一份属于自己的简单 PPT 模板。

第五节　翻转课堂——项目汇报

要想在职场中驰骋，除了掌握牢固的理论知识外，还必须能精准表达。下面介绍如何在项目汇报中做到精准表达。

一、夯实基本功

《不会汇报工作，还敢拼职场》一书中，开篇就说到了一句颇为经典的话：在职场中“孺子牛”不如“望天猴”。“孺子牛”代表的是拼命工作却不请示、不汇报的一类人；“望天猴”代表的是认真工作、常请示、勤汇报的一类人。这句话虽不能涵盖全部，但也能反映出目前职场的主流方向——不但要做得好，更要重视“说”的效果。工资低、不被领导重视，不一定是因为工作没做好，很有可能是领导压根不知道员工累死累活的样子，不知道员工每天辛苦加班的样子！那么如何才能做好工作汇报呢？一次完美的工作汇报，基本功是少不了的，首先我们就要夯实基本功。

1. 熟练应用办公软件

无论我们的想法有多完美，汇报时也还是需要通过办公软件去进行展示，熟练使用PPT/Word/Excel等办公软件是做好一次汇报的基础。完美的思想需要完美的演示文稿来承载，在这里要强调一下，再优秀的文字表达也远不如数据表达更具有说服力。这里的数据不仅指狭义上的数字，还可以是指具有一定意义的文字、字母、数字符号的组合、图形、图像、视频、音频等。

2. 具备基本的演讲技巧

除了要熟练使用办公软件外，还要具备基本的演讲技巧。表达能力的训练从大一的课程中就已经开始传授了。俗话说，师傅领进门，修行在个人。掌握了表达的技巧，剩下的要靠同学们不断地演练了。一个表达能力出众的人，必然更容易得到他人的青睐。在工作汇报的过程中，好的演讲能力会为我们赢得更高的分数。除此之外，在工作场合，我们也要学会察言观色，想要在众人中脱颖而出，就应对症下药，可以依据在场领导的情况确定演讲风格。但无论何种风格的演讲，都要做到有理有据、重点突出。

3. 掌握基本的职场礼仪

自古以来，我国非常重视礼仪，更享有“礼仪之邦”的美誉。古人云：“人无礼则不生，事无礼则不成。”我们的生活离不开礼仪，职场更离不开礼仪，而职场礼仪的重要性从某种意义上讲，比智慧和学识都重要。对于职场人而言，拥有丰富的礼仪知识，以及能够根据不同的场合使用不同的交际技巧，往往会令其事业如鱼得水。良好的职业形象、端正的坐姿、大方自然的解答、结束时表达的感谢等，都是我们素养的体现。职场礼仪不仅可以有效地展现一个人的教养、风度、气质和魅力，还能体现一个人对社会的认知水平，个人的学识、修养和价值。职场礼仪的细节展示，会帮我们得到领导更多的信任，更有利于自己事业的进一步发展。

二、使用汇报小技巧

任何组织都避免不了上下级关系，企业经理和普通职员，学校的老师和同学，甚至家里的父母和子女，都可以理解成上下级的关系。存在上下级的关系，就避免不了两者间的沟通问题，那么向上级汇报工作就成为一件有技术含量的事。在学校里，会有一些各方面不如自己的同学获得比自己更多的荣誉；在职场里，最终得到提拔的人，工作能力不一定比自己强。所以，纵然我们有一身本领，如果不懂怎么向上级汇报工作，也难有出头之日。其实，工作汇报并没有那么难，掌握好技巧，我们也能成为一名优秀的职场达人。

1. 汇报前看准场合和时机

在职场做汇报要看准场合和时机。举个例子，领导在接见贵客时，我们就不能去汇报公司出现的问题。重要决策的汇报尽量上午去找领导，最好是早晨去。因为人一天中最清醒的时间就是早晨。另外，领导忙得焦头烂额的时候，尽量不要去汇报工作。

2. 设计好开场白

当我们面对众人进行工作汇报时，开场白显得尤为重要。一个好的开场白是提升个人魅力、吸引他人注意的重要方式。开场白的目的是勾起他人倾听的欲望，所以如何设计好开场白，值得我们花时间去思考。同时，我们还要考虑好过渡语，自然而言地引出我们的汇报主题。

3. 设计好汇报框架

工作汇报一般分为自上而下和自下而上两种总体框架。

（1）自上而下的框架。在工作汇报的过程中，如果有明确的中心思想，一般采用自上而下的框架设计。有明确的主题后，根据它继续构建子主题，像思维导图一样，是发散性思维。具体做法为：在提出中心观点之后，通过设想听众可能产生的疑问→然后回答问题→继续回答问题，直到没有问题为止。除此之外，我们也可以参考金字塔原理来设计，先明确主题，接下来列出分论点进行分别阐述。

（2）自下而上的框架。例如，做年底的工作总结汇报，我们就需要先把一年中大大小小的所有事情进行汇总，然后再进行汇报，具体的做法是：列出要点→寻找共性→得出结论。这种框架通过数据来构建结论。

4. 抓精髓

工作汇报是向上级领导反映情况，寻求帮助的重要方法，也是展示工作业绩、个人能力的重要机会。工作汇报是一门艺术，汇报得好，不仅可以让自己从中获得自信，更有利于下一步的工作开展；汇报得不好，于公于私都会留有遗憾。总体来说，工作汇报有20字箴言——明确目的、突出重点、不说废话、灵活把握、实事求是。

三、翻转课堂——项目汇报实战

为深化产教融合，推进校企深度合作，转变人才培养模式及教育发展理念，提高学生学习的计划性、目的性和主动性，增强学生就业能力，培养学生创新、创业能力，我们组建了“瑞翼工坊”。瑞翼工坊学员需要完成的任务之一就是对话式教学，以优秀的学员来做助教，利用课余时间对其他学员进行授课。

任务描述：

你是瑞翼工坊的学员之一，现需要准备一堂大数据课程，对其他学员进行授课，请自行查找资料，并向老师进行汇报。

要求：

（1）给老师汇报一下你准备授课的内容（可以从选课理由、课程目标、课程大纲、授课形式、时间安排等方面进行汇报）。

（2）以PPT形式展示。

（3）汇报时间为5～10分钟。

本章小结 >>>

1. 培养精准表达的能力，学会用数据说话。

2. 培养结构化思维，能够熟练运用金字塔原理。

3. 掌握PPT制作的技巧，能利用PPT模板制作出专属自己的PPT。

4. 项目汇报需要夯实的基本功——熟练应用办公软件、具备基本的演讲技巧、掌握基本的职场礼仪。

5. 汇报的小技巧——汇报前看准场合和时机、设计好开场白、设计好汇报框架、抓精髓。

请在下面写下自己的学习和训练体会，帮助自己进一步提高。

本章习题

1. 制作一份自我介绍的PPT。

2. 思考一下，假如你有4件事要跟老师汇报，你会怎么和老师进行汇报呢？给出你的理由。

①对班级和老师都有利的事。

②坏消息。

③无关紧要的事情。

④需要请示老师批准的工作。

3. 马上要进行学期工作总结汇报，请制作一份学期工作报告，要求内容精练，尽可能用数据说话，可以从学业、活动等方面着手总结。

第八章 高效解决问题

本章重点

◎分析问题，抓住关键
◎评估方案，抉择最优
◎做好计划，高效执行

本章难点

◎了解问题的关键所在
◎掌握分析问题的技巧
◎掌握解决问题的方法和常用工具
◎学会进行总结和反馈

在社会中，我们每时每刻都可能遇到各种各样的问题，并经常会有这些困惑：我们天天都在解决问题，但是为什么类似的问题总是重复发生？为什么经常在问题发生后才意识到我们可以提前避免？为什么我们经常对问题的产生原因和解决方案难以达成一致意见？为什么我们用于解决问题的方案经常难以执行？为什么有些问题大家察觉了却没人去解决？如何发现问题的本质，从根本上杜绝类似问题再次发生……

其实解决问题的不仅是方法，更是一种思维方式和应变能力。对于大数据专业的学生而言，除了专业知识与技能以外，还需要具备分析问题与解决问题的能力。也唯有如此，我们才能无论在哪个领域、哪个岗位，都能应对自如。

本章将从各个角度分析现实生活中问题的种类及其形成原因，让大家学会整合、归纳问题，进而运用各种方法进行分析，把握问题的关键，打破固有的思维模式，快速找到解决问题的方法。

第一节　认识问题和解决问题的能力

一、问题无处不在

“问题”是人们一生无法回避、必须解决的课题，它无处不在，如大学生常常被学习的问题、就业的问题、恋爱的问题、交友的问题等各种问题困扰。可以说，在我们漫长的学习生涯和职业生涯中，尽管事情的重要性和紧迫性有所不同，但我们身边随时都存在着无数个大大小小的问题。事实上，有问题并不可怕，可怕的是回避问题，不能及时解决问题。

解决问题的前提是要了解什么是问题。用一句简单的话来说，如果我们觉察到现实状况和理想状况之间存在差异，我们就遇到了问题。其本质就是期望与现状的落差，此处，问题可以简单定义为“问题＝差距＝目标－现状”。

(1) 目标。我们所希望的状态或期待的结果。

(2) 现状。现在的状态。

(3) 差距。目标与现状之间的落差。

差距是问题的重点，例如：有的同学想进学生会，但是他胆量小，不敢参加面试；有的同学喜欢隔壁班一个女生，但是自己没有勇气去追；有的人想成为百万富翁，但是目前月薪不足 2 000 元。那么，我们就可以说，他们有了一个问题。

现状是解决问题的基础。如果没有对现状的清晰认识和对现实条件的认真分析，问题的解决就如空中楼阁。如果想加入学生会，没有清晰地认识到自身的优劣势和胜任的可能性，就不可能面试成功。

目标的差异影响问题的大小。以“丢东西”为例，在生活中每天都有人丢东西，但这件事如果没有发生在自己和身边的人身上，一般人都不会有什么问题，因为大多数人对陌生人丢东西并不在意，也没觉得是个问题。但如果丢东西的是自己或者身边的人，这时“丢东西”就会成为一个问题。

可以说，在学习、生活、工作中，人们遇到的问题千差万别，不尽相同，但问题背后不变的是当事人心中目标与现状的差距。正因为目标的不同，同一件事可能成为问题，也可能不成为问题。反过来，如果心中没有目标和要求，也就很难遇到什么问题，从某种程度上来说，一个不断进取的人更会不断遇到新的问题。

二、 解决问题的能力

案例

有一家人决定搬进城里，于是去找房子。

全家三口人，夫妻两个和一个5岁的孩子。他们跑了一天，直到傍晚，才好不容易看到一张公寓出租的广告。

他们赶紧跑去，敲门询问。

这时，温和的房东出来，对这3位客人从上到下地打量了一番。

丈夫鼓起勇气问道："这房屋出租吗？"

房东遗憾地说："啊，实在对不起，我们公寓不租给有孩子的住户。"

丈夫和妻子听了，一时不知如何是好，于是，他们默默地走开了。

那5岁的孩子，把事情的经过从头至尾都看在眼里。那可爱的心灵在想：真的没办法了？随后，他那红叶般的小手，又去敲房东的大门。

这时，丈夫和妻子已走出几米远，都回头望着。

门开了，房东又出来了。这孩子精神抖擞地说："老爷爷，这个房子我租了，我没有孩子，我只带了两个大人。"

房东听了之后，高声笑了起来，决定把房子租给他们。

【分析】这个故事告诉我们，我们每天都会遇到各式各样的问题，有的看似不可解决，但实际上只要我们找到正确的方法，很多问题都能迎刃而解。所以，一个人解决问题的能力就显得至关重要。只要我们掌握一定的技巧，正视问题，把握规律，大部分的问题将不再是问题。

那么，什么是解决问题的能力？

所谓解决问题，其实就是要将问题的给定状态转化为目标状态。而解决问题的能力就是一种面对问题的习惯和处理问题的能力。这种能力体现在：一个人在遇到问题时，能运用既有的知识、经验、技能，准确地把握问题的关键，查找原因，有效地利用资源，提出解决问题的意见和方案，并有规划、有步骤地辅助实施，使问题能够得到有效的解决，实现特定的目标。

解决问题的能力具有普适性和可迁移性。普适性是指这项能力可以应用到工作、学习和生活等方方面面。可迁移性是指在某一个具体的领域、解决某一类问题的过程中所形成的解决问题的能力，可以迁移到其他领域、其他方面的问题解决中。

三、解决问题的意义

我们身边总有这么两类人：一类人总是抛出问题，不断地向别人寻求帮助，人称 trouble maker；另一类人仿佛什么都会，团队中遇到问题都会去找他解决，人称 trouble solver。第一类人的依赖思想严重，可能会发展成“伸手党”，变成整个团队的价值索取者，逐渐被众人远离。第二类人在成长过程中，解决问题的能力不断增强，逐渐变成团队的价值提供者，变得受人欢迎。我们都希望自己远离第一类人，接近并学习第二类人，并希望自己变成第二类人。

1. 解决问题的能力是职业核心竞争力之一

在市场经济条件下，企业对人才的需求越来越趋于理性，上海交通大学就业指导中心通过一项题为“大学毕业生哪些特质被用人单位看重”的问卷调查发现：有敬业精神，解决问题能力强，表达和沟通能力好的毕业生最受青睐。我们能解决别人不能解决的问题，并能为公司创造财富，我们便能从众人中脱颖而出。而解决问题的能力被列为大学生最欠缺的能力之一。

我们所学的知识也许三五年就被淘汰了，我们学的技能也许一段时间后就过时了，而解决问题的能力具有可迁移性，可以帮我们学习新的知识、掌握新的技能、解决新的问题。

2. 具备良好的问题解决能力是取得成功的关键

在学习、工作或生活中，每个人都会遇到问题，旧的问题解决了，新的问题又会产生，我们就不停地面临问题、解决问题。有些人害怕问题，选择逃避，以至于问题越来越多，越来越严重……如果我们能很好地处理工作上的问题，就能得到老板的器重；如果我们能很好地处理学习上的问题，我们的学习效率就会不断提升；如果我们能处理好生活中的问题，我们就能感受到生活的美好，事事顺心……所有成功者都是处理问题的高手，善于处理问题是一个人综合素质的集中体现。

因此，学会处理问题可以提高我们的工作效率、提升我们的学习能力、改善我们的生活环境甚至心理环境，是我们取得成功的关键因素之一。

3. 具有较强的思维能力有助于解决问题

解决问题的能力是建立在良好的分析问题能力的基础之上的。在解决问题前要善于发现问题，在对问题进行分析时，能让我们的辨析能力、思维能力得到锻炼，能够帮助我们学会纵向思考，将拥有的静态知识和技能转化为动态解决问题的方法，同时把解决问题的能力运用到不同的情景中，激发更多的发散思维和潜能。

第二节　正确识别问题与分析问题

案例

有位猎人养了一条大狼狗，猎人有个婴儿。有一天，猎人出去打猎，留大狼狗在家看护婴儿。可是等猎人回来，发现家里乱成一团，只见血染被毯，却不见婴儿。不一会儿，满嘴是血的大狼狗摇着尾巴跑了出来。猎人大怒，觉得小孩是被大狼狗吃了，抽刀刺入狗腹，狗惨叫一声，惊醒了熟睡在血迹斑斑的毯子下面的婴儿。这时，猎人才发现屋角躺着一条死去的恶狼。原来大狼狗为了保护小孩，曾经与狼搏斗，嘴上的血是搏斗时候留下来的……

【分析】以上案例说明：很多事情，不能简单只凭表面某一点的小现象来概括本质。猎人之所以错杀忠犬，在于他对问题做出了错误的判断，没有仔细查找问题产生的原因。要知道，有些事，我们错一次就没有改正的机会了。

一、 正确识别问题

要解决问题，首先要发现问题的存在，对问题做出准确的界定。如果没有对潜在问题的识别能力，就不可能找到问题的症结所在，也不可能形成解决问题的对策，一切解决问题的方法和技巧就不会有用。这就要求我们具有问题的识别能力，能够发现、甄别和界定隐藏于学习、工作中的问题并能分析产生问题的原因。

1. 发现问题

识别问题的难点在于很难发现问题的存在。因为问题并不是显而易见的有形事物，有些问题会在环境的掩盖下缓慢发展，所以很难被察觉。但是它会在没有预兆的情况下突然爆发。

我们在生活中时常有异常的状况发生，有时即使是细微的异常也会引发严重的问题。我们要养成调查研究的习惯，留心生活中的细节，定期对现有的信息进行分析。分析信息的目的就在于意识到事物的异常，提前有所准备。

2. 甄别问题

没有经过甄别的问题就不能被称作“问题”，有异常状况并不代表一定有问题存在。同样的异常状况，有的人认为是“问题”，有的人则不认为是“问题”。甄别就是辨别“什么才是真正的问题”的过程。所以，我们需要仔细地辨别事物的异常状况，避免由于自己的认识不清而把自己不理解或者不能接受的事物看作问题。

事物的情况是多变的，我们一定要坚持综合分析、辩证思考，抓住那些能够反映事物本质特征的现象，去伪存真，做好问题的甄别工作。

3. 界定问题

当甄别出真正的问题后，就需要对问题做出清晰的界定。有些问题一开始表现得不明显，但是随着时间的推移它可能会滋生蔓延，最终形成难以收拾的局面；有些问题却会随着时间的推移而消失得无影无踪。界定问题需要准确地判断问题的性质、程度和影响，决定是现在还是以后解决它，或是对它置之不理。如果遇到许多问题，可以分门别类地将问题分清层次。可以参考时间管理中的“四象限法则”，按照问题的轻重缓急来分类。把问题按照紧急、不紧急、重要、不重要的排列组合分成 4 个象限，这 4 个象限的划分有利于我们对问题进行有效的处理。有重点地把主要的精力和时间集中地放在处理那些重要但不紧急的工作上，这样可以做到未雨绸缪，防患于未然。

界定问题是一种有价值的行动，它可以使我们的努力变得更有价值，以免在一些不必要的问题上浪费时间和精力。

二、正确描述问题

案例

在电影《指环王》里，大法师甘道夫出场时，告诉弗罗多要完成一项任务，就是摧毁魔戒。但如果只有这么一个指令，观众肯定不明白它有什么意义，因此电影就要对这个指令进行描述。首先是背景，甘道夫告诉弗罗多：我们都是爱好和平的种族，希望世界和平。然后说冲突：大魔王索伦复活了，并且正在积蓄邪恶的力量，摧毁不服从他的生命。再讲疑问：想要阻止这一切我们需要怎么做呢？最后的答案出现了，那就是杀死索伦，摧毁魔戒。有了这样的叙述铺垫，观众才能明白主人公为什么要做这件事情。

【分析】以上案例说明：想要合理地利用知识解决问题，在界定了存在的问题之后，我们还需要锻炼自己的逻辑性思考能力，把问题清楚地描述出来。

1. 清楚地描述问题

很多人提出问题的时候，通常描述不清楚自己的问题，讲一大堆东西，大多是现状、心理感受；更多的是表达自己的情绪，希望别人了解自己的体会。但自己都不清楚问题在哪里，怎么能解决问题呢？

其实，表述清楚问题是解决问题的一半，真正的问题是要从现状寻找到引起问题的最小可能原因。可以用以下模型来正确描述我们的问题。

(1) 说背景——事情的起源是什么？做事的意义和目的是什么？

(2) 说现状——现在的情况如何？有哪些资源可以使用？有哪些限制因素？

(3) 说期待——期待达到什么效果？理想的状态是什么样子？

(4) 说尝试——做了哪些尝试？取得什么成效？还有哪些不足？

(5) 说问题——现在还存在哪些问题？最想解决的问题是哪个？

我们可以对问题的特征做出详尽客观的描述。当然，我们可以尝试多次，直到把问题表述清楚、正确为止。

总而言之，描述问题是解决问题的开端，要正确地描述我们在学习和生活中遇到的各种问题，确保自己和别人能明确“真正的问题所在”，为分析潜在问题和确定解决方案提供重要参考。

思考与练习

结合以上模型我们来试着描述以下问题：

放暑假了，你的两位朋友来你学校（他们第一次来这里）找你玩，你们在A栋502（5楼）宿舍聊天。此时意外发生了，不知道什么原因，宿舍电线起火，床已经烧了起来，你们几个被困在宿舍阳台上，现在他们俩人人生地不熟，你需要拿手机报警求救。请你以最简短的方式描述你们遇到的问题。

2. 找对目标

所谓目标，就是问题解决后我们想达到的最终状态。“问题就是目标与现状的差距”，因此描述问题需要理清现状，其次要明白自己需要达到的目标，正确把握问题的性质、特点。对问题描述越全面详细，我们就越能把握问题的实质。找对目标，有两个要求，一要“准”，二要“合适”。

(1) 准。目标是行动的导向，只有确定了准确的目标，我们才能有正确的对策和行动。例如，某位同学一直“成绩不好”，解决此问题的目标可以是“按时出勤”，也可以是“找到适合自己的学习方法，争取在本学期专业成绩能达到60分以上”。很显然，后者的目标描述得更清晰、明确、具体，并有时间范畴和检验的指标。

(2) 合适。生活中的问题会存在这样的情况：目标不是唯一的，可能面临多个选择。这时选择合适的目标就显得很重要。

案例

家境一般的张三大学毕业了。他很希望到北京工作，因自己的专业是现在最热门的大数据专业，所以，在招聘会上他很快被北京一家公司看中。但令人遗憾的是，工作单位不管住宿，这样，张三就产生了一个问题。在刚到北京的前几天，张三住在一家廉价的招待所里，每天支付 80 元的住宿费用，但是长期住下去势必承担不了，算算自己来北京时，父母给的 3 000 元一天天在减少，张三很焦急，怎么办？

【分析】以下是张三对问题的描述。

（1）我毕业后到北京上班，家里给的钱不够，面临经济问题。

（2）我毕业后到北京上班，找的单位不好，不提供住宿。

（3）我毕业后到北京上班，住的招待所，每天要花 80 元，我有点承受不了。

（4）我毕业后到北京上班，因为单位不提供住宿，我需要解决住宿问题。

以上 4 种问题描述哪个比较恰当？

很显然，第四种描述能更贴切地反映张三的问题，原因就体现在“目标”上。“我需要解决住宿问题”清晰准确地表明了张三的目标是要找到合适的住处。

根据以上分析，可以用表 8－1 所示格式来描述问题。

表 8－1　描述问题的格式

问题描述	内容
现状	我大学毕业后到北京上班，单位不提供住宿，面临住宿问题
目标	找到合适的住处

所以，要使我们的目标具体、量化、有时间限制、能实现并且与我们的实际相吻合。

思考与练习

假设你是公司的业务员，现在公司派你去偏远地区销毁一卡车的过期面包（不会致命且无损于身体健康）。在行进的途中，刚好遇到一群饥饿的难民堵住了去路，因为他们坚信你所坐的卡车里有能吃的东西。这时报道难民动向的记者也刚好赶来。对于难民来说，他们要解决饥饿问题；对于记者来说，他要报道事实；对于你来说，你要销毁面包。现在要求你来妥善解决这个问题，请运用类似表 8－1 的格式将问题描述清楚，找准解决问题的目标。

三、正确分析问题

详细具体地描述完问题之后，我们就对问题有了一些基本的认识，接下来，我们还需要借助一定的方法来详细分析问题产生的原因，查找症结所在，形成问题的对策。

案例

一天，动物园的管理员们发现袋鼠从笼子里跑出来了，于是开会讨论防止袋鼠再次跑出来的方法。他们一致认为是笼子的高度过低，需要加高笼子。所以他们决定将笼子的高度由原来的 2 米加高到 3 米。谁知第二天，他们发现袋鼠依旧能够跑到外面来，所以他们又决定再将高度加高到 4 米。然而，没料到第三天居然又看到袋鼠全跑到外面了，于是管理员们大为紧张，决定一不做二不休，索性将笼子的高度加高到 10 米："嘿嘿，这下子看你还能不能跳出来？"第四天，神了，袋鼠还是从笼子里跑了出来，而且，还在与它们的好朋友长颈鹿聊天呢。"你们猜，这些人会不会再继续加高你们的笼子呢？"长颈鹿问。"很难说，"袋鼠说，"如果他们再继续忘记关门的话！"

【分析】案例告诉我们：很多人都知道有问题，可是在具体分析问题时，一些不准确的信息让他们偏离了轨道，抓不住问题的核心，因而盲目采取行动，在错误的路上越走越远。所以，在学习和生活中，我们不但要善于发现问题，更要善于运用正确的方法找出问题产生的原因，努力探究问题的真相。

1. 对原因进行结构性分析

原因分析有 3 个基本环节，其框架如图 8－1 所示。

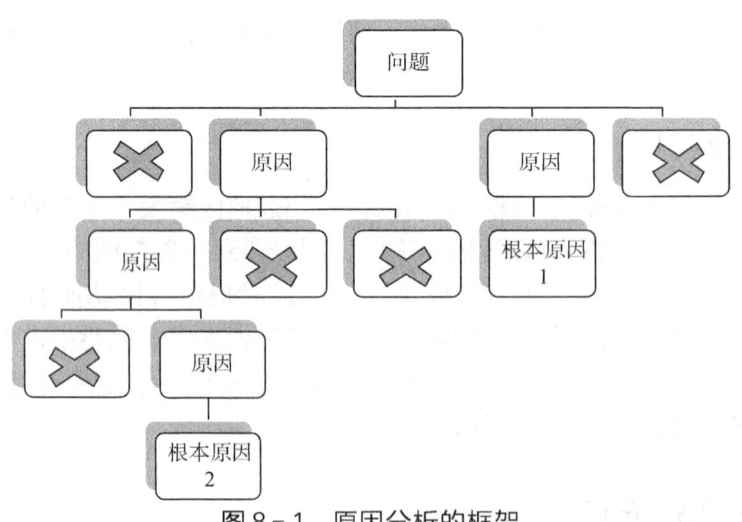

图 8－1　原因分析的框架

结构性分析的主要任务是尽可能看清楚原因的结构性。在寻找解决方案的时候，逻辑思维很重要，我们需要对问题产生的现象、特点进行归纳，或者从各个环节入手进行分析，再加以综合，认真研究问题所在的领域结构，界定问题中的切入点。有了原因分析的框架才能进行一步验证：到底哪些才真正是问题产生的根本原因。

原因分析常用的工具还有逻辑树、鱼骨图等，前已述及，不再详述。

2. 5Why 反复追问法

（1）5Why 反复追问法概述。为了准确把握问题的根本原因，有必要将问题从表面层层剖开，由表及里，由浅入深。5Why 反复追问法是通过不断追问“为什么”，从而挖掘出问题的更多细节，直到找到致使问题发生的根本原因的一种方法。

5Why 反复追问法最初由丰田喜一郎的父亲丰田佐吉提出，后来丰田汽车公司在发展完善其制造方法学的过程中采用了这一方法。作为丰田生产系统（toyota production system）入门课程的组成部分，这种方法成为其中问题求解培训的一项关键内容。丰田生产系统的设计师大野耐一曾经将该方法描述为“丰田科学方法的基础……重复 5 次，问题的本质及其解决办法随即显而易见”。目前，该方法在丰田之外已经得到了广泛应用。

当然，这里的“5”是虚指，有时候需要 10 个或者更多“Why”才能找到答案，而有时可能只要两三个“Why”就能找到想要的答案。

案例

多年前，位于华盛顿特区的杰斐逊纪念堂存在一个问题：由于纪念堂的石头腐蚀得比较厉害，维护人员大伤脑筋。同时，游客们抱怨纪念堂长期失修，没有得到有关部门的重视。下面是当时的问题清单。

（1）石头被腐蚀。

（2）游客抱怨。

（3）维护人员花大量的时间清洁。

（4）纪念堂的外观达不到标准。

（5）清洁成本在上升。

【分析】按一般的思路，最简单的做法就是更换石头，但这样需要花费一大笔钱。相关部门同时发现其他用同样石头建成的纪念堂并没有被腐蚀或不需要如此频繁地清洁，所以会问：“为什么我们需要一直清结杰斐逊纪念堂?”

以杰斐逊纪念堂为例，不断追问“为什么”后，会有图 8－2 所示的发现。

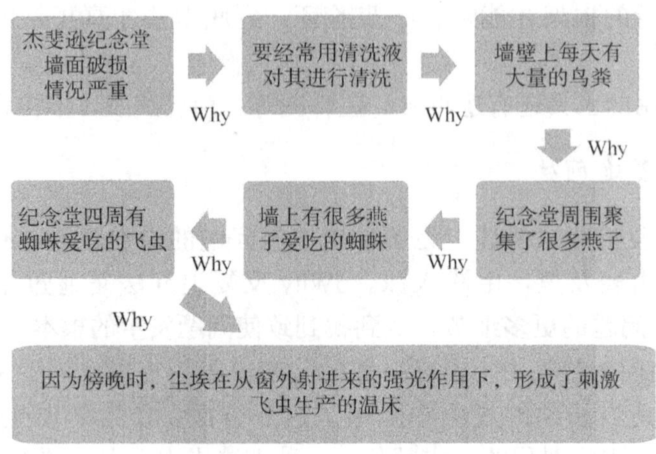

图 8-2　追问示例

通过以上分析，很容易得出问题的解决方案：晚一点拉开窗帘，不让光线照进来、使用没有腐蚀性的清洁剂、捕杀燕子、杀死蜘蛛、杀死飞虫等，这些都可以视为有效的改进措施，但是“强光——晚点拉开窗帘”才是最根本的原因和最有效的改进措施。寻找“为什么”花了很多时间但是更好地解决了问题。如果选择了草率的行动方案，就很可能解决不了真正的问题——问题只是被掩盖！

（2）5Why 反复追问法应注意以下几点。

① 追问时，提问者不仅要问 5 个“为什么”，还要准确把握问题的核心，提出正确的问题；同时要有验证，不能仅凭想象来考虑产生现象的主要原因，而是要有规则、有顺序、毫无遗漏地进行分析，甚至有必要亲自到现场去了解，亲自动手，真正去发现事物所呈现出来的现实。

② 最后一个“Why”是现象产生的根本原因，控制它就能切实有效地阻止问题的发生。找原因要找可控的原因，基于组织内部的原因，而不应该找那些不可控的原因（如自然的、他人的原因）。

案例

一个人摔倒了，有人按以下方法追问原因。

A. 为什么摔倒了？因为地面滑。

B. 为什么地面滑？因为地面有水。

C. 为什么地面有水？因为喝水水洒了。

D. 为什么喝水水洒了？因为没有杯托。

E. 为什么没有杯托？因为前台小妹今天休息了。

F. 为什么前台小妹今天休息？因为她感冒了。

……

【分析】 如果继续按这个方法进行分析的话，我们会发现离主题越来越远，想要分析出真正的原因几乎不可能，所以找原因必须找主观可控的，不能总是找客观不可控的原因。可以按以下方法追问原因。

A. 为什么摔倒了？因为没有看到地上有水。

B. 为什么没有看到地上有水？走路看手机，没注意路。

C. 为什么走路看手机？

……

通过以上两个问答可以看出，问到第二个问题就可以采取纠正措施了：把水及时清除，并且在走路的时候不看手机。因为思维方式的差异，有的人喜欢找借口，而这些借口就是不可控因素，必须朝着解决问题的方向进行分析，如果脱离了这个方向，5Why 反复追问法就可能无法得到解决方案。

③ 若问题的答案有一个以上的原因，则应找出每个原因的根源。锲而不舍，追根究底，依据固有的技术理论去探究事件的应有状态。

3. 对比法

对比法是一种基本的问题分析方法，简单来讲就是按照一定的方法，把问题拆解开之后，通过与合理的参照物进行对比，根据差异来进一步分析可能产生的原因。在日常生活中，我们总是自觉或者不自觉地采用这样的方法来分析身边的问题。

例如，拿我们自己跟竞争对手做比较，了解我们的优势和劣势；再如在机器维修的时候，我们常常对比原始设计来寻找机器哪个地方出了毛病。

使用对比法应注意以下几点。

（1）明确参照物的标准。标准选择适当，对比就有意义，就可以帮助我们认识事物；标准选择不当，就会影响我们认识事物。因此，必须明确参照物的标准。

（2）灵活运用比较。在原因分析的过程中，比较法可以与 5Why 反复追问法、逻辑树、鱼骨图等方法同时使用，这是我们日常工作和生活中常用的几种分析方法。在实际应用中，比较法比较灵活，可以运用到问题分析的每一个环节。

案例

国内最大日化公司引进了一条国外的肥皂生产线。这条生产线能将肥皂从原材料的加工直到包装装箱自动完成。但是，意外发生了：销售部门反映有的肥皂盒是空的。于是，这家公司立刻停止了生产，并与生产线制造商取得联系，得知这种情况在设计上是无法避免的。经理要求工程师们解决这个问题。于是成立了一个以几名博士为核心、十几名研究生为骨干的团队。专业类型涉及光学、图像识别、自动化控制、机械设计等门类。在耗费数十万元后，工程师们在生产线上加了一套 X 光机和高分辨率监视器，当机器对 X 光图像进行识别后，一条机械臂会自动将空盒从生产线上拿走。另外一家乡镇企业也遇到了同样的问题，老板要求管理生产线的一个工人解决这个问题。这个工人花 90 元买来一台电风扇，摆在生产线旁，另一端放上一个箩筐。装肥皂的盒子逐一在风扇前通过，只要有空盒子便会被吹离生产线，掉在箩筐里，问题得到了解决。

【分析】由以上案例可以看出，其实问题并不像我们想象的那么复杂。这个工人其实就是抓住了一个问题进行对比："装有肥皂的盒子"与"没装肥皂的空盒子"在重量上有差异，显然空盒子会轻很多，买一台电风扇吹掉那些轻的就解决问题了。所以，遇到问题不一定非得用很复杂的方法去解决，灵活运用多种分析方法很重要。

(3) 恰当选择比较对象。之所以要对对比法界定严格而明确的比较标准，源于看似概念简单的对比分析，在实际操作的过程中不得不遵循可比性的原则。相联系的两个指标对比才有意义，所以，一定要选择具有相似性的事件来进行比较，比较的目的是发现差异，做出判断，就如以上"肥皂盒"问题来说，如果把"装有肥皂的盒子"与其他生产线上的其他产品做比较，就会因为差异太大或者两者完全不具有可比性，而无法摆在一起进行对比分析。

第三节 寻求正确解决问题的方案

如果已经发现了问题，并通过搜集信息、分析相关原因后，找到了问题的症结所在，接下来就是如何制订解决问题的方案了。同样的问题会有多个解决方案，而不同的人也会做出不同的选择。

一、寻求解决方案的常用方法

1. 头脑风暴法

头脑风暴法是一种利用组织集体生成大量创新思维的技术方法，它可以让大家从不同的角度，对问题的解决方案提出设想；由于这种方法的使用没有拘束，人们能够自由地思考，进入思想的新区域，从而产生很多新观点和问题解决方案。在寻找解决问题方案时，这是一种非常有效的思维激励法。

(1) 头脑风暴的步骤。

① 准备。召集一定数量的人（参加人数一般为 5～10 人）在一个房间里开会，人数并非越多越好，多少取决于问题的大小。会议时间控制在 1 小时内；设主持人一名，主持人只主持会议，对设想不进行评论；设记录员 1～2 人，要求认真将与会者每一个设想（不论好坏）都完整地记录下来。

② 明确问题。会议主持人向大家介绍所要解决的问题。问题介绍需要简单、明了、具体，对一般性的问题，要分成几个具体的问题。

③ 自由畅谈。与会者自由提出设想，自由想象，自由发挥，彼此相互启发，相互补充，真正做到知无不言，言无不尽。

④ 收集设想。将会议发言记录进行整理。

⑤ 筛选。通过记录的整理和归纳，将内容整理成若干方案，再根据一般标准（如可识别性、创新性、可实施性等）进行筛选。最后确定 1～3 个待选的最佳方案。这些方案往往是多个创意的优势组合，是大家的集体智慧综合作用的结果。

⑥ 重复。如问题未能解决，可以重复上述过程。但再用原先的与会者时，要从另一个方面或用最广义的表述来讨论，这样才能变已知任务为未知任务，改变与会者的思路轨迹。

(2) 头脑风暴的原则。

为使与会者畅所欲言，互相启发和激励，达到较高效率，必须严格遵守下列原则。

① 延迟评判原则。对各种意见、方案的评判必须放到最后阶段，此前不能对

别人的任何想法进行批判。即使自己认为是幼稚的、错误的，甚至是荒诞离奇的设想，也不得予以驳斥，必须彻底避免出现一些“扼杀性语句”，如“这根本行不通”“你这想法太陈旧了”“这是不可能的”“这不符合某某定律”……只有这样，与会者才可能在充分放松的心境下，在别人设想的激励下，集中全部精力开拓自己的思路。任何人都要认真对待任何一种设想，不管其是否适当且可行。

② 自由畅想原则。畅想是头脑风暴法的创意阶段。与会者应各抒己见，自由鸣放，创造一种自由、活跃的气氛，激发出各种有创意的想法，这是寻找更多解决方案的关键。

③ 以量求质原则。追求数量，以大量的设想来保证质量较高设想的出现，这是获得高质量创造性设想的条件。

④ 综合改善原则。鼓励与会者积极进行智力互补，提出自己设想的同时对他人已经提出的设想进行补充、改进和综合，把两个或更多的设想结合成另一个更完善的设想。

⑤ 与会者多样化原则。在头脑风暴法的过程中，与会者要具有不同的认识、不同的思维方式、不同的能力，以便能从不同的角度分析问题，启发大家，更好地提出有效的解决方案。

2. 水平思考法

(1) 什么是水平思考法。水平思考法是指在思考问题时摆脱已有知识和旧的经验约束，冲破常规，提出富有创造性的见解、观点和方案。区别于逻辑分析法，水平思考法不是过多地考虑事物的确定性，而是考虑它多种选择的可能性；关心的不是完善旧观点，而是如何提出新观点；不是一味地追求正确性，而是追求丰富性。这种方法一般基于人的发散性思维，故又被称为发散式思维法。

很多人在日常的学习、生活中习惯传统的思考方式，形成了思维定式，从而很难有创造性突破。水平思考法从不把思想限定在一个固定方向上，而是要求我们从另一个从没有涉及的角度去思考问题，提出不同的看法。每个不同的看法并非一定是互相推导出来的，可以各自独立产生，这些发散式的思路，彼此间不需要特别相关，每种答案也无所谓对错，这样往往能产生意想不到的创意。

例如，在人们普遍考虑“人为什么会得天花”问题时，琴纳考虑的则是“为什么在奶牛场劳动的女工不得天花”，正是采用这种发散式思维，他在医学上有了重大发现。

(2) 水平思考法的原则。

① 摆脱固有观念的束缚。在传统思维中，人们常常受逻辑思维和线性思维的局限，普遍关注“为什么”而不是关注“还有可能成为什么”。于是人们的创造力就受到了局限。而水平思考可以由 A 联想到 B，由 B 再联想到 C，依次类推，通过“自由联想”强调思考的数量与流畅度，加大思考的广度，突破自我设限。接受新

观点的人往往会比提供新观点的人对新观点的发展做出更多的贡献。

② 多角度、多侧面地看待事物。水平思考是在不同的思考方向上进行“水平”移动的思考方式，要求人们在思考同一个问题时，灵活地转换思考方向。换位思考就是一种水平思考，逆向思考和侧向思考也是水平思考。有能力进行水平思考的人，绝不会按照既定的思路前进，而是在不同的思考方向之间进行转换，从而获得用不同观点解释问题的好处，以非正统的方式或者非逻辑的方式来寻求解决问题的办法。

③ 不必要求每一步都正确。水平思考的关键在于“联想力”，而不是“判断力”，只做迅速简单的判断，不用考虑合理性，有时候只有到达目的地后才能看出哪条才是最佳路线。

④ 重视偶然发生的事件。不由刻意设计而发生的事件，往往能帮助我们获得创意。偶然的事件虽然不是被我们有意识地设计出来，但我们可以提供一个让偶然性发生的环境，然后去收获这些偶然性相互作用的成果。要知道，人类文明史上许多重大的贡献都是偶发事件促成的，原先根本未经设计；同时有许多重要的概念，也都是由各种条件偶然的凑合发展出来的。

案例

从前，有位教书先生给学生出了一道题，看谁能用不多的钱买一件东西，把书房装满。学生人人动脑，认真思考。放学后，他们都到集市上去了。

第二天，有的买来了稻草，有的买来了树苗——可是谁的东西都没把房子装满。一个叫韩愈的学生走进书房，从袖子里取出一支蜡烛，把它点燃。烛光立刻照亮了整个屋子。先生见了，高兴地连声说：“好！好！韩愈真聪明！”

【分析】案例说明水平思考并不是一种新奇的药方，它只不过是我们运用大脑的另一种不同的更有效的方式。

二、 选择最佳解决方案

制订方案时，根据目标清单也许可以设想出多个方案。有些方案很简单，有些方案则不是那么清楚，这时就需要开拓选择方案的思路，科学地进行决策。下面介绍有效的决策方法。

1. 成本效益分析法

成本效益分析法的基本原理是：针对某项支出目标，提出实现该目标的若干方案，运用一定的技术方法，计算出每种方案的成本和效益，通过比较并依据一定的原则，选择出最优的决策方案。

在现实中，很多成本或很多效益可能无法进行量化，就会直接影响我们最终的决定，这时我们可以尝试使用数值表示来进行评价，如用1～10区间评定成本或者效益的高低。

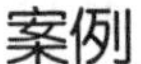
案例

假设你面临出国、读研和工作，该如何选择？我们来通过成本效益进行分析，如表8-2所示。

【分析】

表8-2　成本效益分析示例

选择项	成本分析	效益分析
读研	每年1万～2万元×2年＝2万～4万元；经过两年的校园生活，可能会在毕业时缺乏社会经验	比本科生每月多1千～2千元薪水；研究问题的能力提高，思路比本科生更开阔
出国	每年20万元的投入×2～3年＝40万～60万元；2～3年的海外生活，也许会对中国现状感到发展滞后	回国后很有可能达到10万～15万元的年薪，但考虑对未来就业市场的风险预测，加权×60%；更独立；掌握更多高新科技和管理办法；有更多海外关系
工作	找工作阶段成本大概3千～4千元（包含交通及房租等），一般2～3年内在职位和薪酬上的上升空间不会很明显，但是2～3年后的职位提升可能会受到学历的限制	在别人出国或读研的两年内自己可以有一定的积蓄，经济基本能独立；工作中能学到很多实用的东西，办事能力提高；获得人际关系网络

运用这一方法的特点是按照数据分析，综合考虑多方面因素来进行对比。这种方法比较理性，但也比较复杂，需要总结对比的内容较多，选择过程也比较长。

2. 经验法

经验法是人类在整个发展过程中，在经验基础上形成的有关解决问题的一种模式、程序或者方法。每个人在自己的成长历程中，往往都会有很多经验，而生活中很多问题的解决都不是孤立进行的，都承载着自己已有的知识经验。

很多突发事件的处理都可以采用经验法，当我们有过类似的经历，在以后遇到同类的事情，用经验思考就可以了。经验是人们对过往生活的积累和沉淀，所以经验法很有效，但也需要根据实际情况灵活处理。例如，我们可以在做任何事情前制订一个计划，然后在第二个环节实施，实施过程中进行检验。检验中出现问题时，进行处理和改善。一轮工作完成之后，做第二轮计划的时候，再把第一轮的经验纳入计划中去，然后实施、检查、处理；再把第二轮的经验变成第三轮的计划，循环往复，提升自己解决问题的能力。经验法对我们来说非常有参考价值，我们可以灵活使用这种方法。

3. 风险评估法

风险评估就是在充分掌握资料的基础上，采用合适的方法对已识别的风险进行系统分析和研究，评估风险发生的可能性（概率）、造成损失的范围（广度）和严重程度（强度），为接下来选择适当的解决方案提供依据。在风险评估过程中，必须评估风险对决策成功的潜在影响。每种方案的背后都可能存在风险，所以，对方案进行风险评估，有利于选择出切实可行的方案。

如何评价方案所产生的风险呢？需要考虑两个因素——可能性与严重性。可能性就是风险发生的机率，严重性就是风险发生以后产生的影响。可能性与严重性可以用高、中、低来评定。通过风险评估，能更好地评判方案的威胁程度。

4. 对比法

对比法是最基本的分析问题的方法，也是我们日常工作和生活中最常用的方法之一，这是最为简单的一种方式。这一方法的特点是按照程序来，利用推理、比较和数据资料，综合考虑多个解决方案后得出结果的过程。

对比法最简单的做法是，在对比备选方案时，可以给每个方案的细节赋予一定的权重，然后根据权重进行评定，最后得出对比的结果。在比较方案时，一定是用每个备选方案与决策标准进行比较，而不是方案间进行相互比较，否则就失去了统一的标准。

在做了对比之后，下结论要非常慎重，避免发生误导或者被误导，也要避免受心理因素的影响，剔除人为的因素，做到客观、公正、全面、系统，并能够辩证地看待这个比较的结论。还有，要注意比较及其比较结论的时效性。

以上四种决策方法各有利弊，可以互为补充，没有绝对的好坏之分，只是在不同的场合、条件下，要选出适合的决策方法。

三、 选择最佳解决方案的注意事项

1. 尽可能多地找到解决问题的方法

在选择解决问题的方案时，人们往往比较容易犯的错误是：过分强调决策在解决问题过程中的重要性，而没有把那些值得考虑的方案都找出来。所以我们在做决策时最好能将所有可能解决问题的方法一一罗列。例如，我们需要将一个非常大的PPT文件转成Word文档，可以将所有可用的方法罗列在纸上。可以解决问题的方

法有很多，需要注意的是，一定要尽可能多地写出备选方法，这样在筛选时才有可能得到最好的方法。

2. 不要进行“过分分析”

好的决策方法，意味着从现有的事实中做出最好的选择。人们不可能掌握所有的事实，而且现有的事实也并非全部有用，所以，不能将搜集更多的备选方案当成最终的目的，这样会增加决策的难度。正确的做法是，将注意力集中在关键信息上，把备选方案和决策标准有效结合起来。

3. 权衡利弊，选择最适合的方法

解决方案的选择过程就是一系列权衡的过程，很难有一个方案可以满足所有的决策目的，最适合的方法才是最好的方法。成本太高的方案超出了实际，无法完成；成本太低的方案可能价值不大，还浪费资源；只有与实际相符合的方案方能解决面临的问题。例如，对上面罗列的选择，我们可以继续对其进行分析，在这些分析基础上，寻找最适合的方法。因此，不要被问题吓倒，只要用心去找，所有的问题都会得到最好的解决。

案例

一只饥饿的小羊在沙漠中发现了两片草地 A 和 B，它先向 A 草地跑去。当它到了 A 草地附近时，发现 B 草地比 A 草地更茂盛，它就放弃了 A 而奔向 B。

当它来到 B 草地附近时，发现 B 还不如 A 茂盛，然后它又跑向 A 草地。

如此几个反复以后，当它再也没有力气时，恰好处于两片草地中间。由于吃不到草，它就饿死了。

【分析】以上案例说明：当我们执着于寻找最优方案的时候，大好的机会可能已经悄悄溜走了。

决策是从众多的方案中选择最优的方案，但是，在很多情况下是不可能绝对满意的，如果过分担心找不到一个完美的方案，反而会增加解决问题的难度，因此决策要满足合适的原则。最好的办法就是，将备选方案与决策标准相结合，只要决策的结果使决策者满意就行了。

第四节　执行方案，解决问题

在历经了分析问题、做出决策之后，终于有了解决问题的方案，这时我们便需要把它付诸实践，使问题得到快速而有效的解决。那么，方案要转化成行动，会遇到哪些问题呢？怎样才能保证方案被有效地执行呢？

一、协调关系，最大限度赢取别人的支持

很多问题的解决可能是围绕整体工作而开展的，一个方案的执行可能涉及资金、人员、场地、时间或审批流程等诸多要素，单靠个人无法有效地执行，因此，我们需要最大限度地赢取别人的支持，获取执行方案的各种资源。要赢得别人对我们的支持，可以从以下几个方面着手。

1. 有效沟通

积极的沟通是解决问题的前提条件，在遇到问题的时候一定要有效地说明我们的解决方案，清晰地向对方阐明方案的执行对他们的影响，正确地向相关人员解释方案的利弊得失，最好能达到让对方对我们的方案产生兴趣或共鸣的效果。在进行有效沟通之后各方力量才能在行动上保持一致，从而齐心协力地执行方案。

2. 搜集信息，获得支持条件

计划的执行讲究的是科学、规范和准确，特别是针对一些复杂的问题，就要以事实为依据，多深入调查，掌握相关数据信息，充分考虑方案执行的各个方面，尽可能地把协调工作建立在事实基础上，从而减少盲目和被动，获得支持条件。

3. 相互体谅

现在，社会分工越来越细，一个问题的解决往往涉及很多方面，需要各个部门密切配合才能完成，我们的工作总是希望能得到相关人员的支持，同时别人的工作也有需要我们去支持的时候，所以，在计划执行过程中应有大局观，在对方没有义务执行我们的工作安排时，设身处地地站在对方的角度考虑问题，主动说明问题解决的重点、难点，听取对方的意见，接纳别人的正当要求，争取得到统一的认识，主动体谅，相互包容，互相理解。

二、制订并实施计划

事先制订好计划才能保证我们的执行方案有条不紊地实施。制订计划的过程有利于我们发现潜在问题，减少工作中的失误，控制和推动工作的进程。计划的制订可以从以下几个方面入手。

1. 明确计划目标

执行决策前，需要对所要达到的目标清晰明了，目标包含两个方面：一是方案执行之后需要达到的结果。对目标结果的描述有两个要求，一要“准”，二要“合适”（具体参考本章第二节内容）。二是执行方案完成的最后期限。要让自己产生一种紧迫感，与此同时要学会用精简的语言描述我们需要解决的问题，如一个月内背完 1 000 个英语单词。明确目标后，大脑会直接引导我们注意和目标有关的一切事物，这样有助于我们在制订执行计划时保持正确的方向。

2. 分解任务

对所有问题有了一个整体的把握之后，可根据问题的轻重缓急将问题分解为很多部分，也可将复杂的、头绪繁多的任务分解为一系列的小任务。若是长期目标，则需要分成若干个短期目标。分解任务可以采用思维导图的形式（示例如图 8－3 所示），先把计划要做的事情全部列出来，然后根据任务内容进行分类整理，最后形成的结构图可以很清楚地体现我们要完成的步骤。

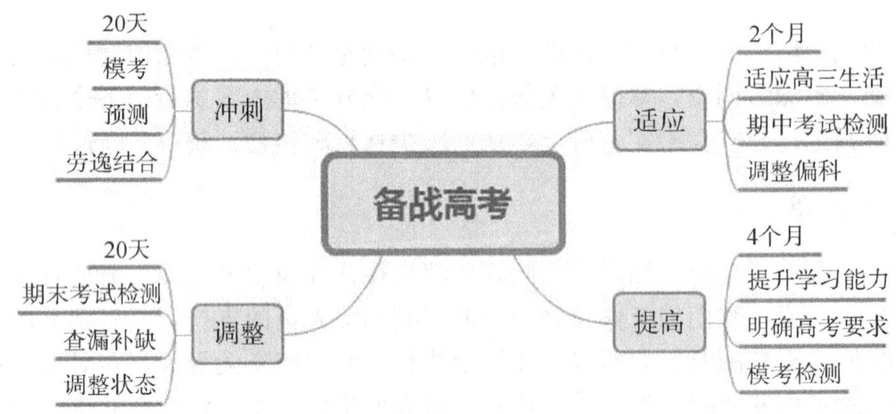

图 8－3　备战高考思维导图

需要注意的是，分解任务的各个部分不尽相同，在分解时要做到没有重叠、没有遗漏。分解后的目标为具体计划的制订提供方向。在具体制订计划时，可以依据分解后的目标，确定工作任务分配、工作进度、资源需求及汇总等。

3. 确定行动方案

任务分解后，要对每一个任务拟订具体、清晰的行动方案。行动方案的内容可以概括为 7 个要素，即 5W2H：做什么（what）——事项清单；为什么做（why）——目的；何时做（when）——时间；何地做（where）——执行地点；谁去做（who）——联系人；怎么做（how）——实施战术；需要多大代价（how much）——所需资源配置。为了更容易理解行动方案及进度，一般可以采用行动方案表（见表 8-3）的方式简要描述。

表 8-3 行动方案表

序号	What	Why	When	Where	Who	How	How much

注：表中有的要素可以适当省略，如“Why”。但也可以根据计划追踪的要求，再增加一栏“执行反馈”。

4. 安排进度表

当所有的步骤都确定下来之后，我们需要对每一步进行统筹，具体安排到每一步的完成顺序、实施时间，以便形成清晰的进度。

对任务进行进度安排，最有效的莫过于甘特图（示例如图 8-4 所示）。甘特图

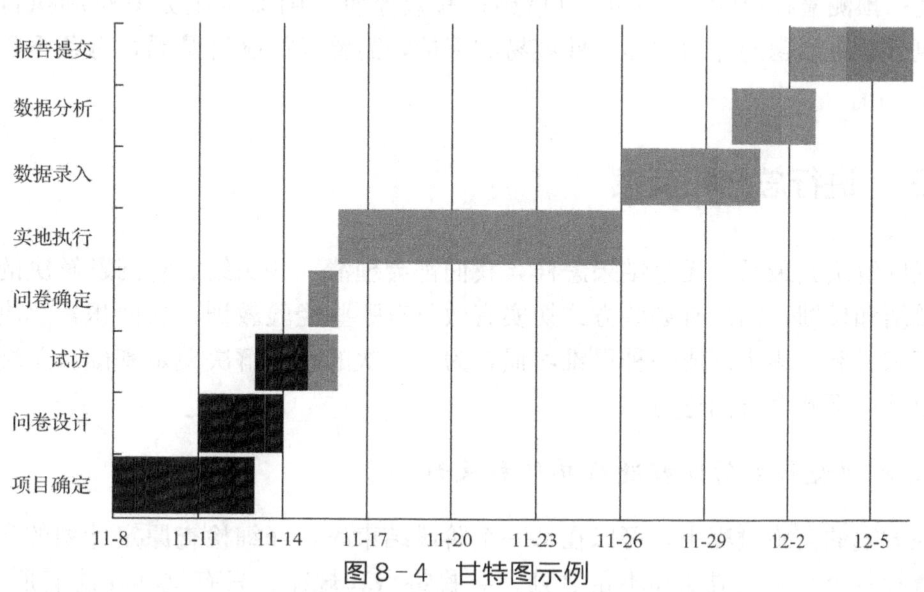

图 8-4 甘特图示例

是基于任务排序的目的，将活动与时间联系起来的最早尝试的工具，该图能帮助我们评估任务的进度。其主要构成为横坐标等分成时间单位（年、月、日等），表示时间变化；纵坐标则记载方案各项任务的步骤。使用甘特图可以直观地知道有哪些任务该在什么时间段做，提高计划效率，能把复杂的问题简单化。

可以使用专门的软件如 GanttProject、Gantt Designer 或 Microsoft Project 等制作甘特图。当然也可以在 Microsoft Excel 中手动绘制。

5. 预测潜在风险，制订应急方案

计划是面向未来的，而未来又是未知的，存在诸多不确定因素。预测潜在问题的最好方法就是根据解决问题的每一个步骤，确定有可能出现的风险，将一些“意料之外”的不可控因素转化成“意料之中”的可控因素，与此同时制定出相应对策和紧急预案，并在必要时对工作计划进行调整，变被动为主动，化不利为有利，从而减少各种变化所带来的损失和不必要的伤害。

6. 有效监督实施情况

制订计划的最后一个环节，就是确定我们的监督措施，建立合理的检查和奖惩制度是很有必要的。在持续推动方案实施的过程中，明确每一个阶段的监控点、监督方式，以确保每个人都清楚地了解监督内容，建立切实有效的监督措施，才能保证计划的顺利执行。

综上所述，落实计划，绝对不是机械地指挥和服从，而是及时沟通、有效反馈、协调到位、合作共进的过程。我们需要：明确解决问题的目标；统一协调，把控进度；预测潜在风险，制定应急措施；有效监督，确保实施方案顺利执行。所以，执行解决问题的计划并非一件容易的事情，需要我们统筹全局，有条不紊地开展工作。

三、 进行总结和反馈

问题解决到最后，无论结果怎样，我们都会理清一些头绪。对问题解决的过程进行总结和反馈，回想有哪些方式切实有效，有哪些经验教训，从而积累解决问题的技能和经验，逐步形成一种思维习惯，为下一次的问题解决奠定基础。总结和反馈可以从以下几个方面进行。

1. 对问题解决的过程进行总结和反馈

在方案的实施过程中，可以在每一个阶段结束时，仔细检查原定计划的实施情况，查找各个步骤的成功和不足之处，寻找特点和规律。只有这样才能有所创新，才可以从我们的定期总结和整理中提炼出更多有价值的信息，才能不断地完善我们

解决问题的思路和方法。

2. 对问题解决的结果进行总结和反馈

一般而言，要确定问题是否得到圆满解决，我们可以用解决问题之后的现实状态和解决目标进行对比，看是否符合我们最初的设定，从而总结出解决问题的效果。对结果的总结可以让自己真正了解到：方案是否彻底地解决了问题，方案本身是否还有可以改进的地方。只有总结了一定的经验，从失败中吸取教训，我们的认识才能得到提高，不再重复相同的错误，从而不断地探索出更多的解决问题的方法，提升自己解决复杂问题的能力。

通过以上的总结和反馈，可以输出一份书面报告，用文字的方式记录成绩和缺点，总结经验教训。这不是一种形式，而是一种检测和监督工作的方法，为今后的问题解决提供指导。

本章小结

1. 有效地识别问题，能清楚描述问题。
2. 能够运用 5Why 反复追问法和对比法对问题进行分析。
3. 能运用头脑风暴法、水平思考法等寻求解决方案。
4. 能灵活地采用成本效益分析法、经验法、风险评估法、对比法选择最佳解决方案。
5. 能在执行方案中协调关系，制订执行计划并监督计划进度，确保计划有效执行。
6. 学会总结和反馈，积累经验，为今后的问题解决提供指导，不断提升问题解决的能力。

请在下面写下自己的学习和训练体会，帮助自己进一步提高。

____

____

____

____

____

本章习题

1. 为什么应届毕业生找不到工作？用 5Why 反复追问法进行分析。
2. 运用水平思考法思考以下问题。

一名杀人犯被判死刑。他必须选择 3 个房间中的一个受死：第一个房间里燃烧着熊熊烈火；第二个房间里全是刺客，手里都拿着上了子弹的枪；第三个房间里则塞满了 3 天没有进食的狮子。哪一个房间对他来说比较安全？

3. 请按照以下步骤制订一个去泰国5日游的详细计划。

（1）说明任务的总体目标。

（2）分解任务，明确具体步骤。

（3）落实相关的资源。

（4）研究潜在问题，制订应急方案。

参考文献

[1] 陈立之. 精准表达 [M]. 哈尔滨：黑龙江教育出版社，2017.

[2] [日] 高桥政史. 聪明人用方格笔记本 [M]. 袁小雅，译. 长沙：湖南文艺出版社，2015.

[3] 邸正秀. JK 活动与员工结构化思维的培养 [J]. 梅山科技，2012，(6)：51-53.

[4] 杨丽. 结构化思维模式在课程教学中的应用 [J]. 安阳师范学院学报，2011，(6)：119-121.

[5] 朱良学. 结构化思维的科学依据和基本原理 [J]. 科技咨询导报，2007，(30)：59.

[6] 陆建军，成杰. 团队精神 [M]. 北京：中华工商联合出版社，2010.

[7] 沈德立. 大学生心理健康 [M]. 北京：高等教育出版社，2013.

[8] [英] 东尼·博赞. 思维导图 [M]. 卜煜婷，译. 北京：化学工业出版社，2015.

[9] 王亚东，赵亮，于海勇，等. 创造性思维与创新方法 [M]. 北京：清华大学出版社，2018.

[10] [日] 古川武士. 坚持，一种可以养成的习惯 [M]. 陈美瑛，译. 北京：北京联合出版有限责任公司，2016.

参考文献